职业教育机械类专业"互联网+"新形态教材

材料学基础

主　编　简发萍

副主编　李厚佳　刘素华

参　编　杨　梅　王　浩　王　朴　于位灵
　　　　洪　迪　黄红辉　孙晶海

机械工业出版社

本书是中等职业学校内涵建设成果教材，结合中职学生的认知特点和材料成型及控制工程中本贯通专业的人才培养目标编写。材料学基础课程是中本贯通（七年一贯制）材料成型及控制工程专业的一门专业基础课程，其任务是使学生具备进行材料的成分、结构、制备工艺、性能之间关系分析的能力；能提出影响材料性能的关键因素及其优化措施；能正确分析金属的晶体结构、进行钢的力学性能分析；能进行金属的塑性变形加工、进行钢的热处理；能识别常用工业用钢的性能与牌号；能进行高分子材料、无机非金属材料、新型材料的选用；通过职业素养元素的融入，为职业发展奠定良好基础，并为后续专业课程的学习和解决材料成型控制、制备与加工、改性及服役等工程问题提供指导。

本书包含五个项目，各项目下又设若干任务，内容广泛、专业性突出、系统性强、内容新颖，形成了概念、技术细节和综合应用的有机整体。项目一介绍了材料的内涵及材料科学与工程四要素；项目二以45钢和铸铁的力学性能分析为基础，介绍了材料性能分析的基本方法，同时进行了材料的物理化学性能分析；项目三分别进行了金属及合金的原子结构分析、塑料的分子链结构分析和陶瓷的结构分析；项目四分析了金属的结晶与二元相图，介绍了金属的塑性变形与加工、陶瓷材料的制备、高分子材料的合成；项目五介绍了常用金属材料、非金属材料和新材料。

本书每个任务都制作了相应的微课，设置了二维码，使用智能手机进行扫描，便可浏览相关内容，方便读者理解相关知识，进行更深入的学习。

本书既可作为职业院校机械类相关专业教材，也可供从事材料成型及控制工程、模具设计与制造等工作的工程技术人员参考。

为便于教学，本书配套有电子教案、助教课件、教学视频、习题答案等教学资源，选择本书作为教材的教师可来电（010-88379193）索取，或登录 https://mooc1-1.chaoxing.com/course/203667023.html 网站，免费下载。

图书在版编目（CIP）数据

材料学基础 / 简发萍主编. —北京：机械工业出版社，2022.7
职业教育机械类专业"互联网+"新形态教材
ISBN 978-7-111-70634-2

Ⅰ.①材…　Ⅱ.①简…　Ⅲ.①材料科学 – 中等专业学校 – 教材
Ⅳ.①TB3

中国版本图书馆CIP数据核字（2022）第068365号

机械工业出版社（北京市百万庄大街22号　邮政编码100037）
策划编辑：黎　艳　　　　　责任编辑：黎　艳　章承林
责任校对：张　征　王　延　封面设计：张　静
责任印制：常天培
北京机工印刷厂有限公司印刷
2022年8月第1版第1次印刷
210mm×285mm·13.25印张·249千字
标准书号：ISBN 978-7-111-70634-2
定价：45.00元

电话服务　　　　　　　　网络服务
客服电话：010-88361066　机　工　官　网：www.cmpbook.com
　　　　　010-88379833　机　工　官　博：weibo.com/cmp1952
　　　　　010-68326294　金　书　网：www.golden-book.com
封底无防伪标均为盗版　机工教育服务网：www.cmpedu.com

本书是根据 2019 年《上海市教育委员会教学研究室关于公布〈上海市中等职业学校内涵建设项目（部分）立项项目名单〉的通知》的精神编写的，旨在更好地发挥优质教材对上海市中职课程研究与教学改革的促进和辐射作用。一体化的贯通培养是教学实施的重点和难点。材料成型及控制工程中本贯通专业旨在培养适应区域经济与社会发展需要，面向先进制造领域的人才。中职阶段的材料类教材，既要让学生全面熟悉和了解金属材料、高分子材料、陶瓷材料、复合材料及新材料的微观结构、制备与加工、使用性能，又要符合中职学生的认知成长规律和职业教育的特点，因此本书应运而生。本书是中等职业学校材料工程类专业学生的入门教育用书，也是相关机械、汽车制造类专业学生认识材料共性知识的教材，本书包含五个项目，各项目下设若干任务，纵向上包含材料科学须知、材料的基本性能分析、材料的微观结构分析、材料的制备与加工、认识常用材料；横向上包含金属材料、陶瓷材料、高分子材料、复合材料、新材料。

本书根据中职学生的认知特点，结合职业教育行动导向教学理念，力求在传统教材的基础上有较大的突破，以项目为引领，采用任务式编写模式努力体现以下的特色：

1. 紧密对接《中等职业学校专业教学标准》，同时充分考虑专业转段考试的内容要求。

2. 基于职业教育行动导向教学理念，以项目为引领，进行任务式学习，贯彻"做中教，做中学"的职教理念。通过实地的仪器设备操作，真实地进行材料的微观结构分析、性能分析、制备与加工的控制。

3. 运用信息化技术，对每个任务都制作了相应的微课，设置了二维码，读者只需用微信扫描这些二维码，便可浏览相关内容，便于理解相关知识，进行更深入的学习。

4. 充分反映与材料相关的新技术、新设备、新工艺，通过真实案例的融入，增进学生对内容的掌握，加深学生对本专业的认识。

5. "材料学基础"已上线"上海市职业院校在线开放课程平台"，成为市级精品课程，本书为其配套教材，读者可登录 http：//kfkc.shedu.net/ 进行学习。

本书建议学时数为 64 学时，学时分配见下表，任课教师可视情况做适当的调整。

项目任务		内　容	建议学时	项目任务		内　容	建议学时
项目一	任务一	认识材料	2	项目四	任务一	分析金属的结晶与二元相图	10
	任务二	材料科学与工程认知	4		任务二	金属的塑性变形与加工	8
项目二	任务一	45 钢和铸铁的力学性能分析	10		任务三	陶瓷的制备	4
	任务二	材料的物理化学性能分析	4		任务四	高分子材料的合成	2
项目三	任务一	金属及合金的原子结构分析	10	项目五	任务一	认识常用金属材料	2
	任务二	塑料的分子链结构分析	2		任务二	认识常用非金属材料	2
	任务三	陶瓷的结构分析	2		任务三	认识新材料	2

　　本书由上海市高级技工学校组织编写，简发萍任主编，李厚佳、刘素华任副主编，参与编写的还有杨梅、王浩、王朴、于位灵、洪迪、黄红辉、孙晶海。在编写过程中，编者参阅了国内外出版的有关教材和资料，在此对相关作者一并表示衷心的感谢！

　　由于编者水平有限，书中不妥之处在所难免，恳请读者批评指正。

编　者

二维码索引

（续）

序号	名　称	二维码	页码	序号	名　称	二维码	页码
23	金属的晶体结构		62	35	金属的结晶		106, 126
24	纯金属的晶体结构		63, 75	36	金属的结晶过程控制		107
25	金属的实际晶体结构		65	37	合金的二元相图		111, 116, 126
26	合金的相结构 ——固溶体		71	38	共晶反应		113
27	合金的相结构 ——金属化合物		73	39	稳定化合物、枝晶偏析、杠杆定律		117
28	材料的结合方式分析		75	40	铁碳合金中铁与碳的存在形式		119
29	高分子链结构单元的键接方式和构型		84	41	铁碳合金的结晶过程		123, 126
30	高分子链的几何形状和构象		86	42	铁碳合金的结晶过程控制		123, 126
31	高分子材料的微观结构分析		90	43	金属的塑性变形加工		131, 139
32	陶瓷材料的晶体相——玻璃相		94	44	塑性变形对金属结构的影响		133
33	液晶态结构		99	45	金属的回复与再结晶		134
34	陶瓷的微观结构分析		102	46	钢的普通热处理		136, 139

（续）

序号	名　称	二维码	页码	序号	名　称	二维码	页码
47	T8 钢淬火实验		138	51	认识常用金属材料		179
48	陶瓷的制备		142,144	52	认识常用陶瓷材料		195
49	加聚反应和缩聚反应		147	53	认识新材料		201
50	高分子材料的合成		148				

目 录

项目一　材料科学须知

🎚 **情景导入**

春秋时期，越国铸剑大师欧冶子曾给越王铸了五口青铜剑——湛卢、纯钧、胜邪、鱼肠、巨阙，这些剑都是天下无双的利器（图1-1），而欧冶子被后人称为"铸剑之父"，有"得十良剑，不若得一欧冶"的说法。传说古人用家畜之血炼剑，血液在遇到高温后会产生大量的碳元素，而碳元素恰恰可以提高金属的硬度。

图 1-1　欧冶子炼剑

中华文化博大精深，我们的祖先在很久以前就能够制作精美的器件，炼成锋利的宝剑。从欧冶子炼剑的故事中，你得到了什么启发？古人已经认识材料了吗？他们是否已经掌握用材料制作物品的内在规律？

通过本项目的学习，掌握材料的内涵，能对材料进行分类；了解材料科学的形成与发展过程，掌握材料科学的研究对象及材料科学与工程的四要素；并能通过案例分析，正确辨别材料与物质，说出从材料到物品的演变过程。

任务一　认识材料

 学习目标

知识目标：1. 说出材料的内涵。

　　　　　2. 列出常见的材料分类标准（四种）。

能力目标：1. 能正确区分材料与物质。

　　　　　2. 能指出特定材料的类型。

素养目标：感受材料的魅力，建立对学科的热爱。

 工作任务

我们生活在一个丰富多彩的物质世界中，人们的生产、生活和材料密不可分，衣食住行都离不开材料。例如，计算机的液晶显示器就是用发光的半导体制作的、计算机的核心材料是硅材料；再如，用于疾病诊断的核磁共振成像仪使用了超导材料；手机的触摸屏用的是透明的导电玻璃。常言道："巧妇难为无米之炊"，生产任何产品都需要材料，要想产品做得好，还需要使用先进的材料。可以说，材料是人类赖以生存和发展的物质基础。那么，什么是材料？

子任务一：在图1-2中，你看到了什么？在图1-3中，你又看到了什么？它们有什么区别？

图1-2　石头山

图 1-3 用石头建造的房屋和石器

子任务二：材料除了具有重要性和普遍性之外，还具有多样性。由于材料是多种多样的，所以其分类方法也没有统一的标准。材料有哪些分类方法？说出图 1-4 中的钢材属于哪种类型的材料。

图 1-4 钢材

 相关知识

一、什么是材料

材料是宇宙万物中的一部分，具体地说，材料指的是一些物质，这些物质的性能使其能用于结构、机器、器件等产品的制造。例如，金属、陶瓷、半导体、超导体、聚合物（塑料）、玻璃、介电材料、纤维、木材、砂子、石块、复合材料等都属于材料的范畴。根据材料在人类社会中所起的作用，可将其定义为人类社会所能使用的、能够制造有用器件的物质。材料的用途在于制造器件，它的内涵可以延伸到其社会性和经济性，显示出产业发展对材料发展的市场需求和竞争状况。

要正确理解材料的内涵，需要清楚界定物质与材料的区别。物质是指人们思想意识之外所有的客观存在，广义的材料包括人们思想意识之外的所有物质。如图 1-5a 所示，树木是一种物质，但不能称为材料。材料属于物质，此时的物质属性发生了变化：首先，材料要具有一定的性能，包括密度、熔点、导电性、热学性能、热膨胀性、磁学性能等物理性能，抗氧化性、耐蚀性等化学性能，以及强度、刚度、

扫一扫

材料的内涵

硬度、塑性、韧性、抗冲击性等力学性能；其次，材料要能为人类所使用，可用来制造有用的产品，如图 1-5b 所示，如果树木用来加工桌子、椅子等家具，具有使用价值，此时的树木就成为材料。

a) 树木   b) 木制桌椅

图 1-5 树木和木制桌椅

在远古时代，人类就已经学会使用自然中的材料创造工具，这也是人类区别于动物的主要特征。人类首先使用的是天然材料。天然材料是指自然界中本来就存在的，可以直接使用的材料，包括棉花、沙子、蚕丝、煤矿、石油等。随着社会的不断进步，人们学会了人为地合成一些人工材料、高性能的材料来满足日常生活需要。相对于天然材料而言，人工材料是指自然界中以化合物形式存在的，不能直接使用的；或者自然界中本身不存在，需要经过人为加工或合成后才能使用的材料，例如，钢铁是从铁矿石中提炼出来的，玻璃是由硅酸盐类矿物加工而成的。

二、材料的地位与作用

扫一扫

材料的重要
作用

材料、信息和能源被誉为支撑起人类文明大厦的三大支柱，而材料的发展又是人类生产生活水平提高的物质基础，同时也推动着其他技术的进步。例如，能源的开发、提炼、转化和储运；信息的传播、储存、利用和控制等都离不开材料。材料与人类的发展有着密切的联系，因而它们的名字已经作为人类文明的标志，如石器时代、青铜器时代和铁器时代。目前，天然材料和人造材料已经成为人们生活中不可分割的组成部分，材料与食物、居住空间、能源和信息并列在一起组成了人类的基本资源。当今科学技术飞速发展，高技术新材料的发展成为世界各国共同关注的目标。新材料既是高技术产业发展的前提和基础，又是重要的高技术产业领域之一，其研究和发展在国民经济中起着不可替代的作用，已经成为影响一个国家综合国力的主要因素之一，新材料已成为各个高技术领域发展的突破口，在很大程度上影响着新兴产业的发展进程，并对世界经济、军事和社会的发展具有深刻的影响。

古代中国是世界文明古国之一，早在公元前16世纪以前的殷商时代，就已大量使用青铜，并已具有高超的冶铸技术和精湛的艺术造诣；公元前4世纪以前的春秋战国时期出现了铁器，铸铁的生产比欧洲早一千多年，在世界材料发展史上写下了光辉的篇章。

中华人民共和国成立以后，我国一直把材料工业作为重点发展领域之一。特别是改革开放以来，材料工业得到了迅速发展。我国的钢产量在2002年达到了1.8亿t，已经成为世界第一的钢铁生产大国，已按实际情况制定和完善了钢铁新标准，建立了符合我国资源特点的合金钢系统，新钢种日益发展，我国已能生产所有的有色金属，非金属材料的研制和发展也很迅速。

随着工业的发展，新材料体现出不可替代的重要作用，其研究和发展也日新月异。

例如，磁悬浮列车用的是超导材料，也就是钇钡铜氧体系，这是一种多组分陶瓷材料，使用时要用液氮冷却才能实现超导，在导线外需要套上通液氮的管道；在医学领域，人工脏器、人造骨骼、人造血管等是使用各种具有特殊功能且与人体相容的新材料制造的，如人造股骨头可以用金属材料制造、人造髋臼可以用高分子材料制造。但人造骨骼毕竟是体外之物，与原生骨骼不可避免地会存在差异，2017年，西北工业大学材料学院开创了3D科技制造可再生人骨高科技技术，这种可再生人工骨的外表与塑料或金属人造骨骼一样，但所用的材料不同，材料内部的构造、形状也不同，将它植入人体后，可以诱发人体骨骼细胞长成与原来一模一样的骨头，此时可再生人工骨将消失，患者没有任何异样的感觉，这就是材料的迷人与神奇之处。

材料还被用在远程通信技术上，芯片内部都采用半导体材料制造，大部分是硅材料。材料是国防现代化的重要支撑，航天飞机上用的材料主要有铝镁合金、陶瓷材料、隔热材料等；隐形战机除了主梁和发动机机舱使用的是钛基复合材料外，其他部分均由碳纤维和石墨等复合材料制造而成，不容易反射雷达波；人造卫星围绕地球在空间轨道上运行，可以进行天文物理、大气物理等试验，以及通信、军事、气象、资源等的探测，2016年，西北工业大学自主研制的第一颗微小卫星——翱翔之星，搭载长征七号运载火箭升空，提升了我国在国际微小卫星研制领域的影响力，微小卫星上主要涉及纳米技术、功能材料等；航空母舰——大型水面舰艇，已经成为一个国家综合国力的重要象征，航空母舰上主要使用了钢铁材料，所以航空母舰又被称为"钢铁巨兽"。

人类时时刻刻都离不开材料。例如，汽车是用不同的材料按照一定的设计结构组装起来的，车身一般用钢板制造，赛车的车身材料是碳纤维；轮胎是用橡胶做的、轮毂是用钢或合金做的。从材料的角度来看，汽车、飞机等就是按照一定的构思和设计，选用各种材料制备成零件后组成的交通工具。就飞机的发展历史而言，第一阶段，莱特兄弟驾驶的第一架飞机是用木头和布等做成的；第二阶段，随着飞机速度的提高，出现了铝合金钢架飞机；第三阶段，飞机材料中增加了钛合金；第四阶段，人们研制了复合材料机体飞机；未来，结构-功能一体化飞机的应用将会越来越广泛。因此，可以这样说：一代材料，一代飞机；一代材料，一代装备。

> 任何事物都具有两面性，成功源自材料，但很多事故也是由材料问题引发的。"挑战者号"航天飞机灾难，究其原因是密封圈变形导致失效引起爆炸。密封圈由橡胶材料制造而成，在低温下，橡胶材料失去弹性，无法保证有效密封，进而导致灾难的发生。"哥伦比亚号"航天飞机事故是由隔热瓦剥落造成的。航天飞机返航时，必须穿过大气层，高速运行的航天飞机会与空气产生剧烈的摩擦，进而产生高温，高温导致液态氢渗入燃料箱外敷设的泡沫材料，引起泡沫材料脱落并击中隔热瓦，隔热瓦剥落后，机身暴露出来，在几秒甚至几皮秒之内便会被烧毁。

1. 材料是标志人类文明进步的里程碑

人类发展的历史证明，材料是标志人类文明进步的里程碑。材料的发展与人类社会发展息息相关，人类社会的发展史，就是一部利用材料、制造材料和创造材料的历史，人类历史的划分依据，就是每个时代所使用的材料特征，如图1-6所示。

图1-6　人类历史的划分

（1）石器时代　石器时代分为旧石器时代和新石器时代。旧石器时代大约出现在250万年前，延续约200多万年，此时人类主要使用木材和石材来打制粗糙的工具；新石器时代大约开始于1万年前，延续了约5000年，此时人类使用磨制的石器和陶器。

（2）青铜器时代　青铜器时代大约开始于公元前 8000 年，人类开始使用天然金和红铜，公元前 5000 年开始，人类开始进行铜的冶炼和铸造，并出现了人类历史上第一种合金——青铜。青铜在古代被称作金或吉金，由红铜与其他化学元素（锡、镍、铅、磷等）组成，用于制造各种器皿、餐具、音乐器具、马车以及战争中使用的刀剑武器和铠甲等。

（3）铁器时代　铁器时代大约开始于公元前 2000 年，始于天然陨铁的使用，之后出现了炼铁技术。随着炼铁技术的发展，公元前 1200 年，铁器逐渐取代青铜器，中国炼铁历史比欧洲大约早 1900 年。由于铁来源广泛、价格便宜，因此被大量应用于农具的制造，铁制农具的强度和硬度比铜制的高，更加耐用，铁迅速占领生产资料市场，对农业生产有极大的促进作用。同时，铁制盔甲比铜制盔甲轻，增加了战士的灵活性；铁制兵器比铜制兵器轻巧、锋利和耐用，铁制装备大大提升了军队的战斗力，迅速占领军备材料市场。可见，在任何时代，先进材料的使用对国家发展都具有重要作用。

（4）钢铁时代　由于炼铁和炼钢技术的发展，在距今约 1800 年前，出现了两步炼钢技术，即先炼成铁，再炼成钢，该技术一直沿用至今。钢铁的使用，使得材料能够承受高温高压、腐蚀环境、外载荷、电力的远距离运输等因素，使人类开始由农业经济社会进入工业经济的文明社会。钢铁在机械、建筑、交通等方面发挥了巨大作用，如中国国家体育场、埃菲尔铁塔、旧金山金门大桥等，都是著名的钢结构建筑，如图 1-7 所示。

a) 中国国家体育场　　　　b) 埃菲尔铁塔　　　　c) 旧金山金门大桥

图 1-7　钢结构建筑

（5）新材料时代　现代社会，人类已进入新材料时代，也称为多元材料时代或智能材料时代。新材料通常是指对现代化科学技术进步、国民经济发展以及综合国力提升有重大推动作用的最新发展或正在发展的材料。新材料和传统材料相比具有优异的性能和特定的功能，是发展信息、航天、生物、能源等高技术的重要物质基础。新材料是知识密集、技术密集、资金密集的一类新兴产业，是多学科互相交叉和渗透的结果，其种类多、更新换代快。没有材料科学的发展，没有新材料的出现，就不会有高新技术产品的出现，就失去了人类社会进步的物质基础。复杂的新材料具有优良的综合性能，结构功能一体化。纵观材料的发展史，每一种重要材料的发现和广泛利用，都会把人类支配自然和改造自然的能力提高到一个新水平，给社会生产力和人类生活水平带来巨大变化，把人类的物质文明和精神文明向前推进一步。新材料能够促使生产力得到极大的提高，推动人类社会的发展；新材料是现代国民经济各行业发展的基础；新材料是国防现代化的保证，是推动科技进步的关键。未来最具潜力的新材料见表 1-1。

表 1-1　未来最具潜力的新材料

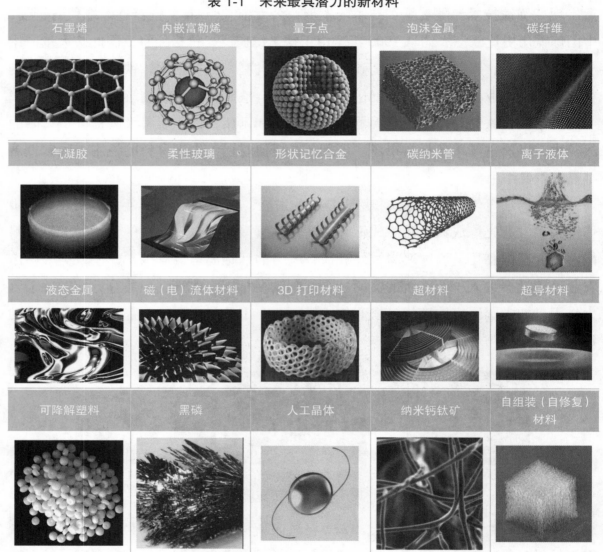

石墨烯	内嵌富勒烯	量子点	泡沫金属	碳纤维
气凝胶	柔性玻璃	形状记忆合金	碳纳米管	离子液体
液态金属	磁（电）流体材料	3D 打印材料	超材料	超导材料
可降解塑料	黑磷	人工晶体	纳米钙钛矿	自组装（自修复）材料

2. 材料的基础、先导和战略作用

材料是保证国民经济、社会进步和国家安全的物质基础与先导，先进材料具有强大的基础性、支撑性、技术经济价值和迫切的战略需求性。

（1）新材料技术是工业革命和产业发展的先导　四次工业革命都是以新材料的发展和广泛应用为先导，第一次工业革命——蒸汽机时代，发生于 1760—1840 年，制钢工业的发展为蒸汽机的发明和应用奠定了物质基础，用钢制造的蒸汽机能承受蒸汽的高温作用，解决了动力问题，代替了传统的纺织机，引发了以英国为首的工业革命。随着科学技术的进步和工业生产的发展，世界由蒸汽机时代进入电气化时代，于 1840—1950 年发生了第二次工业革命。19 世纪中叶，由于发电机、电动机的相继发明，远距离输电技术的出现，电气工业迅速发展，电力在工业生产中得到广泛应用。第三次工业革命发生于 20 世纪中叶，由于半导体硅材料的出现，以计算机为代表的信息化时代迅速发展，在这次工业革命中，单晶硅材料起到了核心促进作用。前三次工业革命，使人类发展进入了空前繁荣的时代，但与此同时，也造成了大量的能源、资源消耗，付出了巨大的环境代价，生态成本急剧地扩大了人与自然之间的矛盾。21 世纪正在经历第四次"绿色工业革命"，大幅度地提高资源生产率，降低污染排放，实现经济增长与不可再生资源全面脱钩、与 CO_2 等温室气体排放脱钩。第四次工业革命也称智能化时代，即工业 4.0，其技术代表有人工智能、工业互联网、工业云计算、工业大数据、工业机器人、增材制造、知识工作自动化、工业网络安全和虚拟现实。

（2）新材料技术是社会现代化的先导　信息技术正在发生结构性变革，仍然是经济持续增长的主导力量，包括通信技术、电子与信息技术、电子技术、计算机智能技术等。生物技术正经历着一场前所未有的技术革命，一个庞大的生物产业正在孕育和形成，如基因组学、蛋白质科学、再生医学等的研究，已成为生命科学的前沿与热点。能源技术将变革未来社会的动力基础，促进人类实现可持续发展，如清洁能源、新能源、可再生能源的开发。新材料促进上述技术快速发展，不断开辟人类探索的新空间。

（3）新材料技术是一切工业发展的关键共性基础　新材料技术出现群体性突破，将对 21 世纪所有工业领域产生革命性的影响，成为一切工业的关键共性基础，包括纳米材料、超导材料、高性能结构材料等。纳米材料是指在三维空间中至少有一维处于纳米尺寸（0.1~100nm）或由它们作为基本单元构成的材料，大约相当于 10~100 个原子紧密排列在一起的尺度。其主要特点是具有表面效应、小尺寸效应、量子效应，例如：常态下块状黄金是金黄色，而金纳米颗粒是黑色；常态下块状黄金的熔点是 1064℃，当颗粒尺寸为 10nm 时熔点是 1037℃，当颗粒尺寸为 2nm 时熔点是 327℃；原本导电的铜达到某一纳米级别将不导电；绝缘的二氧化硅等在某一纳米级别时开始导电。超导材料是指具有在一定的低温条件下电阻等于零以及排斥磁力线性质的材料。现已发现有二十几种元素、几千种合金和化合物可以成为超导体，其应用有超导磁悬浮列车、超导电缆、超导发电机等。目前，超导材料正在向低成本、实用化方向发展，并将在能源、信息、交通、仪器等领域有重大应用。高性能结构材料是指具有高比强度、高比刚度、耐高温、耐腐蚀、耐磨损的材料。例如，高性

扫一扫

确定材料的
类型

扫一扫

材料按化学
成分分类

能铝、镁、钛合金材料在航空航天、交通、国防军工、日常生活等领域的应用越来越广泛。

三、材料的分类

材料除了具有普遍性、重要性外，还具有多样性。那么，材料是如何分类的？由于材料多种多样，其分类方法也没有统一的标准，概括起来，有以下四种分类方法：按材料的成分特点（化学组成）分类、按材料的使用领域分类、按材料的使用目的分类、按材料的应用和发展分类。

（1）按材料的成分特点（化学组成）分类　根据成分特点（化学组成），材料可分为金属材料、无机非金属材料、有机高分子材料和复合材料。

金属材料包括钢铁材料（黑色金属）、非铁金属和特殊金属材料。黑色金属包括碳的质量分数大于 2% 的生铁、碳的质量分数为 0.04%~0.2% 的钢和碳的质量分数小于 0.04% 的工业纯铁。非铁金属包括重金属（铜、铅、锌、镍等）、轻金属（铝、镁、钛等）、贵金属（金、银、铂等）、稀有金属（钨、钼、铀等）。特殊金属材料包括形状记忆合金、超塑合金、减振合金、储氢合金、超导合金等。

无机非金属材料包括硅酸盐材料和新型无机非金属材料。硅酸盐材料包括玻璃（石英玻璃、硅酸盐玻璃、非氧化物玻璃）、陶瓷（土陶、陶瓷、瓷器）、耐火材料（砖、瓦）及搪瓷材料（耐酸搪瓷）。新型无机非金属材料包括高温结构陶瓷、压电陶瓷、生物陶瓷等。

有机高分子材料包括合成塑料（热塑性塑料、热固性塑料）、橡胶（天然橡胶、合成橡胶）、纤维（天然纤维、合成纤维）、涂料（天然树脂、油脂涂料、合成树脂涂料）、胶黏剂（天然胶黏剂、合成胶黏剂）。

复合材料根据不同基体分为聚合物基复合材料（热塑性树脂基复合材料、热固性树脂基复合材料）、金属基复合材料（轻金属基复合材料、高熔点金属基复合材料、金属间化合物基复合材料）、陶瓷基复合材料（高温陶瓷基复合材料、玻璃基复合材料、玻璃陶瓷基复合材料）；根据不同增强体分为颗粒增强复合材料（微米颗粒增强复合材料、纳米颗粒增强复合材料）、纤维增强复合材料（不连续纤维增强复合材料、连续纤维增强复合材料）、片材增强复合材料（天然片状物增强复合材料、人工晶片增强复合材料）。

（2）按材料的使用领域分类　根据使用领域不同，材料可分为建筑用材料、电子信息用材料、生物用材料、能源用材料、包装用材料、医学用材料、航空航天用材料、机械用材料等。

（3）按材料的使用目的分类　根据使用目的不同，材料可分为结构材料和功能

扫一扫

材料按使用
领域、使用
目的、应用
和发展分类

材料。结构材料是指以力学性能（强度、塑性、硬度、冲击韧性）为基础，制造受力构件和零部件所用的材料，对物理性能或化学性能也有一定要求，例如，中国国家体育场的钢结构最大跨度达 300 多米，主体结构庞大，需要使用抗拉、抗压、抗弯强度大的特种钢材，用的是高强度钢 Q460。结构材料多数为金属材料、水泥、工程塑料等。功能材料是指利用材料所具有的电、磁、光、声、热等特性和效应以实现某种功能的材料，如磁功能材料、声功能材料、光功能材料。隐形战斗机又称为"空中幽灵"，在机身上使用了能高效吸收电波的吸波材料，阻止反射无线电波，躲避雷达的追踪；楼道里的声控开关应用电子材料声音传感器，把声音信号转化成电信号以实现控制。

（4）按材料的应用和发展分类　根据应用和发展，材料可分为传统材料和新材料。传统材料是指那些在工业中已经批量生产并大量应用的材料，如钢铁、水泥、塑料等，这是很多支柱产业的基础，又称为基础材料。新材料是指正在发展且具有优异性能和良好应用前景的一类材料。具备以下三个条件之一的材料，可称为新材料：

1）新出现的或正在发展中的，具有传统材料所不具备的优良性能的材料。例如，石墨烯是从石墨中剥离出来的由碳原子组成的只有一层原子厚度的二维晶体，2004 年，英国曼彻斯特大学物理系的安德烈和康斯坦丁成功地从石墨中分离出石墨烯，证实了它们可以单独存在，两人也因此共同获得 2010 年诺贝尔物理学奖。石墨烯是目前自然界中最薄、强度最高的材料，断裂强度比最好的钢材高 200 倍左右，同时具有良好的弹性，拉伸幅度可达自身尺寸的 20%，其目前最有潜力的应用是成为硅的替代品，制造超微型晶体管，用来生产未来的超级计算机，并且用石墨烯代替硅，计算机处理器的运行速度将提高数百倍。因此石墨烯被称为"黑金"，是"新材料之王"。

2）满足高技术发展需求、具有特殊性能的材料。例如，形状记忆合金是具有记忆能力的合金，使用具有记忆效应的材料，在高于室温较多的某个温度范围内绕成弹簧，然后在冷水中拉直成棍状，当再次放到热水中，或使其温度高于相变温度时，该合金丝就会变成原来的弹簧状。卫星发射后有展翼过程，卫星的太阳能电池可自动打开，为卫星提供运行过程中的所有电力需求，所用材料正是满足高性能需求、人为设计出来的材料。

3）由于采用新技术（包括新工艺、新装备），明显提高了性能或出现新功能的材料，如超级钢、纳米材料等。当颗粒尺寸处于 1~100nm 时，物质的结构会发生变化，将出现许多独特的性能，21 世纪后半叶是纳米材料时代，纳米材料的神奇性能会使整个工业乃至人类生活产生巨大的变化。例如，医生在治疗患有血管病、心肌梗死病的病人时，可通过静脉注射使纳米机器人进入血管内，机器人到达血管被堵塞的部位，把堵塞部位打开，使血管流通，如图1-8a所示。2009年，首个纳米齿轮问世，使得分子级机械操控成为可能，其尺寸是人类头发丝的1/30，如图1-8b所示。碳纳米管的抗拉强度是钢的40倍。纳米技术应用于生活中，主要是利用了纳米尺寸非常微小的特殊性能，如纳米药片，其表面积很大，容易被人体所吸收。

超导材料是指在一定的低温条件下呈现出电阻为零以及排斥磁力线等性质的材料，其应用有超导磁悬浮列车、超导电缆、超导发电机等。目前，超导材料正向低成本、实用化方向发展，并在能源、信息、交通、仪器等领域有重大应用。

高性能结构材料是指具有高比强度、高比刚度，耐高温、耐腐蚀、耐磨损的材料，它包括新型金属材料、高性能结构陶瓷材料和高分子材料等。发展新型高性能结构材料将支撑交通运输、能源动力、资源环境、电子信息、农业和建筑、航天航空、国防军工以及国家重大工程等领域的可持续发展，对国家支柱产业的发展和国家安全的保障起着关键性的作用。

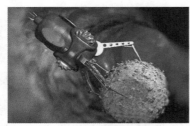
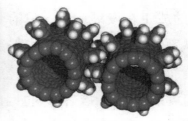

a) 纳米机器人　　　　　　　　　　b) 纳米齿轮

图 1-8　纳米材料的应用

（5）世界知名新材料产业分布　世界知名新材料主要分布在美国、欧盟、日本、韩国、俄罗斯等地，生产新材料的公司见表1-2所示。

表 1-2　世界知名新材料生产公司

材料种类	公司名称			
高分子化工材料	巴斯夫	三菱化学	PPG	亨斯迈
	陶氏杜邦	汉高	赢创	伊斯曼
	霍尼韦尔	利安德巴塞尔	科思创	阿克玛
	3M	阿克苏诺贝尔	宣伟	帝斯曼
金属材料	安赛乐米塔尔	浦项制铁	科勒斯	三特维克
	新日铁住金	蒂森克虏伯	塔塔钢铁	住友金属
无机非金属材料	圣戈班	康宁	欧司朗	肖特
	京瓷	板硝子	三星	东芝
	TDK	旭硝子	村田	Alent
纤维及复合材料	东丽	西格里	三菱丽阳	杜邦
	东邦	Hexcel	卓尔泰克公司	阿莫科

任务实施

一、观看微课：认识材料；职业素养教学——走进神奇的材料世界

记录材料的内涵、材料科学的形成过程，并完成课前测试。

认识材料

职业素养教学——走进神奇的材料世界

二、完成课前测试

1. 判断题

（1）世界万物，凡于我有用者，皆谓之材料。　　　　　　　　　　　　（　　）

（2）材料是指人类社会所能接受的，用于制造具有一定功能和使用价值的器件（构件、机器和产品）的物质。　　　　　　　　　　　　　　　（　　）

（3）广义的材料包括人们思想意识之外的所有物质。　　　　　　　　（　　）

2. 选择题

（1）现代科技的三大支柱为（　　）。

A. 材料　　　　　　B. 能源　　　　　　C. 人工智能　　　　D. 信息

（2）人类历史上的第一种合金是（　　）。

A. 钢铁　　　　　　B. 青铜　　　　　　C. 红铜　　　　　　D. 黄铜

三、以小组为单位完成任务

（1）在教师的指导下，完成相关知识点的学习。

（2）以小组为单位汇报子任务一和子任务二的实施情况，记录在表 1-3 中。

表 1-3　任务实施单

小组名称		任务名称	
成员姓名	实施情况		得分

检查测评

对任务实施情况进行检查，并将结果填入表 1-4 内。

表 1-4　任务测评表

序号	主要内容	考核要求	评分标准	配分	扣分	得分
1	课前讨论	积极参与讨论，并做深入思考	1）未参与讨论，扣 10 分 2）讨论不够深入，扣 3 分	10		
2	观看微课	完成视频观看	1）未观看视频，扣 30 分 2）观看 10%~50%，扣 15 分 3）观看 50%~80%，扣 5 分 4）观看 80%~99%，扣 3 分	30		
3	课前测试	完成课前测试	平台系统自动统计测试分数	20		
4	任务实施	完成任务实施	1）未参与任务实施，扣 40 分 2）只完成子任务一，扣 20 分 3）只完成子任务二，扣 20 分 4）具体得分参照任务实施情况表	40		
合计						
开始时间：			结束时间：			

思考训练题

一、选择题

1. 复合材料按照基体不同可以分为（　　　）类。

A. 一　　　　　　　　B. 二　　　　　　　　C. 三　　　　　　　　D. 四

2. 按照材料的成分特点，可将其分为（　　　）。

A. 金属材料　陶瓷材料　高分子材料　复合材料

B. 单晶材料　多晶材料　准晶材料　液晶态材料　非晶态材料

C. 零维材料　一维材料　二维材料　三维材料

D. 建筑材料　光电材料　吸附材料　保温材料

3. 按使用目的，材料可分为（　　　）。

A. 结构材料和功能材料　　　　　　　　B. 金属材料和非金属材料

C. 传统材料和新材料　　　　　　　　　D. 能源材料和生物材料

4. 纳米材料是指颗粒尺寸在（　　　）范围内的材料。

A. <1nm　　　　　B. 1~10nm　　　　　C. 1~100nm　　　　　D. >100nm

二、判断题

1. 纳米材料的主要应用之一是利用其纳米态材料性能的变化。　　　　　　　　（　　　）

2. 纳米材料、超导材料、高性能结构材料等都属于新材料。　　　　　　（　）

三、简答题

1. 从材料的发展史看，人类社会经历了哪些时代？各时代使用的材料有何特点？

2. 什么是材料？材料与物质有何区别？

3. 材料一般有哪些分类方法？

4. 各分类方法下，材料分为哪些种类？

任务二　材料科学与工程认知

学习目标

知识目标：1. 描述材料科学的形成与发展过程。

　　　　　2. 列出材料科学与工程的四要素。

能力目标：能应用材料科学与工程的四要素指导材料的开发。

素养目标：通过材料科学形成过程的分析，建立崇尚科学、尊重他人研究成果的意识。

工作任务

什么是科学？什么是材料科学？为什么会形成材料科学？材料科学是如何形成的？材料科学的研究任务是什么？为什么要学习材料科学？学了材料科学，你能做什么？请回答上述问题。

相关知识

一、材料科学的形成与发展

1. 材料科学的形成

材料与人类生活息息相关，材料早已存在，但材料科学是 20 世纪 60 年代初才提出来的。材料科学的形成归于两个因素：一是社会需求，二是科学技术的发展。

（1）社会经济的发展为其形成需求牵引供给　供给创造需求，人类希望把交通距离缩短，所以要用快速的交通工具，飞机的速度逐渐提高，现在从中国到美国只需要八九个小时，这些进步都离不开材料的进步。飞机减重的需求：飞机质量减小意味着油耗更小、成本更低，还能减少 CO_2 的排放，更加节能环保。汽车轻量化的

扫一扫

材料科学的
形成

需求：汽车质量每降低 100kg，燃油消耗减少 0.5~0.8L，并相应减少了 CO_2 的排放，国际上欧联专门研究汽车用材料，开发了安全性能达到要求、强度满足要求、密度最低的材料，如高强度钢、镁合金、铝合金、工程塑料等。航天技术发展的需求：需要高性能结构材料，如高强度铝合金、钛合金及碳纤维增强的树脂基复合材料等。导弹壳体材料对导弹的射程至关重要，由金属改为石墨纤维增强的复合材料时，减重近 300kg，导弹射程增加近 1000km。这些不断出现的需求，驱使人们去设想，提出构思和设计后需要材料的支撑，这种需求是巨大的。因此，从社会经济发展来看，有必要形成一门材料科学。

（2）科学技术的发展为其形成提供了驱动力　材料科学的形成是材料技术发展的必然结果。固体物理、无机化学、物理化学等基础学科的发展，对物质结构和物性的深入研究，推动了对材料本质的了解。材料科学形成之前，金属材料、高分子材料、陶瓷材料都已自成体系，复合材料也获得广泛应用，其研究也逐步深入，它们之间有颇为相似之处，不同类型的材料可以互相借鉴，从而促进本学科的发展。许多不同类型的材料可以相互替代和补充，能更加充分地发挥各种材料的优越性，达到物尽其用的目的。从材料发展的共性来看，有必要形成一门材料科学。

2. 材料科学的发展过程

1863 年，光学显微镜首次被应用于金属研究，诞生了金相学，使人们能够将材料的宏观性能与微观组织联系起来，标志着材料研究从经验走向科学。

关于晶体结构的研究，经过了漫长的历程。最早发现的是"晶面角守恒定律"（N. STENO，1669 年）。同一物质的不同晶体，在同一温度和压强下，晶粒的数目、大小、形状可能有很大的差异，但对应的晶面间的夹角是恒定的。由于外界条件的差异或偶然因素，同一类型的晶体其外形不尽相同，由晶体的内在结构决定的固有外形特征是晶面角。

自然界中的晶体有成千上万种，它们都有各自的晶体结构。1848 年，人们用数学方法证实了晶体的空间点阵只有 14 种。1885 年，A. Bravais 提出了晶体空间点阵学说。

1912 年，M. Laue 发现了晶体对 X 射线的衍射现象，使人们对固体材料微观结构的认识从最初的假想达到科学的现实。1915 年，W. H. Bragg 和 W. L. Bragg 提出 X 射线晶体结构分析方法。1932 年，电子显微镜（SEM/TEM）的发明把人们带到了微观世界的更深层次。电子显微镜技术、扫描探针显微术（STM/AFM）等使人们对晶体结构的了解越来越多。

关于材料组织的研究，Reaumur（1722 年）和 Hill（1748 年）分别在放大镜下观察到晶粒，Sorbit 发现并描述了细珠光体。

关于材料性能的研究，Young 在 1807 年提出材料弹性模量的概念，Barlow 在 1826 年提出材料强度的测定方法，Tehernoff 在 1861 年发表了钢临界点的试验报告，Wshery 在 1860—1870 年开展了关于拉伸、扭转、弯曲应力的工作并得出第一条 S-N 曲线，开创了材料、组织与性能间关系的科学研究。

3. 材料科学与工程的内涵

什么是材料科学？经过广泛的争议和讨论，20 世纪末，在世界范围内达成了关于材料科学的共识。美国麻省理工学院主编的世界第一部《材料科学与工程百科全书》对材料科学与工程的定义为：研究材料的成分与结构、合成与制备、性能、服役行为与寿命，以及它们之间的相互关系的一门科学。

扫一扫

材料科学
与工程的
四要素

二、材料科学与工程的要素和任务

1. 材料科学与工程的四要素

材料科学与工程的四要素为：材料的成分与结构、合成与制备、性能、服役行为与寿命，如图 1-9 所示。尽管材料千差万别，但任何材料都脱离不了这四个基本要素。材料科学与工程就是对这四个基本要素的追求和探索。

（1）成分与结构　材料由原子、分子或离子组合而成，其成分包括化学组成和相组成。材料的化学组成，是组成材料的最基本的、独立的物质，可以是纯单质或稳定的化合物。例如，金属单质包括 Fe、Al、Cu、Ti、Zn、Mg、Ni 等，合金由金属与另一种金属元素或非金属元素组成；不同陶瓷的化学成分有 Al_2O_3、TiO_2、ZnO、SiO_2、SiC、Si_3N_4、BN 等，水泥的成分为 SiO_2-CaO-Al_2O_3-Fe_2O_3，玻璃的成分为 SiO_2-CaO-Na_2O；有机高分子材料的成分以 C 为主，结合 H、O，还结合 N、S、P、Cl、F、Si 等。

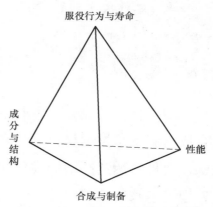

图 1-9　材料科学与工程的四要素

材料的相组成，是指组成材料的相的种类和数量。相是指材料中具有同一化学成分且结构相同的均匀部分。材料分为单相材料和多相材料，一般金属材料为单相材料，普通陶瓷为晶相 + 玻璃相 + 气孔多相材料，水泥为 C_2S、C_3S、C_3A、C_4AF 多相材料，玻璃和一般的高分子材料为单相材料，复合材料为多相材料。

材料的结构包括材料组元、组元的结合方式、组元的运动方式。材料组元即材料的物质组元，如原子、分子和离子；组元的结合方式是指组元间的排列和结合类型，如金属键、离子键、共价键、分子键；组元的运动方式包括电子运动和原子热运动。材料结构分为三个层次，第一个层次（最细微水平）为原子结构，包括原子排布、电子构型、化学键合、原子与电子缺陷；第二个层次为原子在空间的排列，包括单晶体、多晶体、非晶体；第三个层次为材料的微观组织形貌，如点缺陷、线缺陷、面缺陷和体缺陷，实际晶体中总是存在缺陷，缺陷会对材料的比热容、电阻率、扩散系数、内耗、介电常数、光吸收、力学性能等产生影响。

如果说以前制备材料依靠的是经验和工艺，现代材料强调的就是结构和成分的重要作用，把材料从经验的积累和继承上升到了理论和设计的高度。随着显微科学的发展，人们对材料结构特别是微观结构的认识不断深入。人们认识到金属、陶瓷、半导体等材料都是原子排列的晶体，玻璃、高分子材料则是非晶体；材料内的晶体可以形成很多晶粒，而同样的材料，只要把它的晶粒或相的形态和分布加以改变，就可以大大地改善它的性质。

材料结构更微观的层次，就是材料中的晶粒边界、晶内的原子级缺陷（如杂质的位置，原子的空位、位错等），以及电子学上的缺陷和能级（如半导体掺杂造成的电子和空穴的载流子等）。正是这些缺陷千变万化的物理和化学性质，产生了有声有色的荧光材料、激光材料、半导体二极管、离子导体等。可以说，无论是金属、陶瓷、半导体、高分子材料，还是复合材料，它们的发展无一不是与成分和结构密切相关的。只有控制材料的结构，才能得到人们追求的材料性能。

（2）合成与制备　材料的合成与制备很早以来就是发展材料的一个重要因素。合成与制备是控制材料成分和结构的基础与必要手段。不仅要做出产品的尺寸和形状，而且要达到严格的成分和结构要求。例如，钢材要通过退火、淬火、回火等热处理工艺来改善其内部的结构而达到预期性能，冷轧硅钢片要经过复杂的加工工序才能使晶粒按一定的取向排列而大大减少铁损，非晶态的金属合金必须采用快速冷却的加工方法。可以说，没有合成与制备上的新突破，就没有新材料的发展。

（3）性能　材料的有用之处就在于它具有某些性能。因此，性能往往是人们直接追求的第一目标。例如，铜之所以用作导线，是因为它有良好的导电性。随着技术的发展，对材料性能的要求也越来越高、越来越严格，而且往往要求集多种性能于一身。例如，铜在微电子器件中用作引线框架，要求其导电性能好，而且必须有较高的强度，因为一个小小的引线框架上可能有上百条引线，强度低将无法正常使用。不仅如此，从加工过程来看，还要求铜的冲压性能好，冲出的引线均匀，尺寸、间距误差很小。伴随着材料科学的发展，不论是大量使用的基础材料还是高新材料，都赋予它们更好、更奇异的性能。例如，功能材料已实现了声、光、电、磁、热、力之间的转换。现在的材料是以不同的性能满足各种各样需要的。

（4）服役行为与寿命　材料服役行为与寿命是指材料应用过程中的评价、结果或行为，这是材料在真正使用过程中的考验历程和可能出现的种种问题。材料制作成器件或构件，在使用过程中，它所面临的问题很多、很复杂，往往是综合性的或协同性的，往往是在长期使用后或发生破坏事故时才能被发现。这时人们将分析原因并加以改进。材料服役行为与寿命也是材料给人的一种知识反馈，有些问题对材料科学来说是全新的，人们需要对其进行分析和研究，推动材料科学与工程的发展。

2. 材料科学与工程四要素之间的关系

从材料的生产到进入使用过程直至损耗，工程四要素存在着逻辑上的因果顺序，它们的关系如图 1-10 所示。材料的服役行为与寿命依赖于材料的性能，材料的性能由化学成分与结构决定，只有从微观上了解材料的组成、结构与性能之间的关系，才能有效地选择、制备和使用材料。

图 1-10　材料科学与工程四要素之间的关系

虽然材料千差万别，但任何材料都脱离不了四个要素。只有控制材料的结构，才能得到人们追求的材料性能；加工是控制材料内部结构的基础和必要手段，是赋予材料外部结构所必需的工艺方法；性能是人类直接追求的第一目标，材料也以其不同的性能满足人们各种各样的需求；使用性能（表现）是材料在应用过程中的评价、结果或行为，是材料给人类的反馈，促使人类对材料进行改进。

3. 材料科学与工程的任务

材料科学与工程的任务包括四个部分：①将宏观与微观紧密结合起来；②将成分 / 组织的设计与合成加工综合起来；③对合成与加工过程进行精确控制，有效地安排与控制原子 / 分子的排列组合；④控制组织结构、控制形状，进而获得所需的使用性能。

 任务实施

一、观看微课：认识材料科学

记录材料科学的形成过程、材料科学与工程的四要素。

认识材料科学

二、完成课前测试

1. 判断题

材料科学自人类有史以来就存在。   （   ）

2. 选择题

材料科学与工程的四要素有（   ）。

A. 成分与结构   B. 合成与制备

C. 性能   D. 使用性能（使用表现、服役行为与寿命）

三、以小组为单位完成任务

（1）在教师的指导下，完成相关知识点的学习。

（2）以小组为单位汇报任务的实施情况，记录在表 1-5 中。

表 1-5   任务实施单

小组名称			任务名称	
成员姓名		实施情况		得分

检查测评

对任务完成情况进行检查，并将结果填入表 1-6 内。

表 1-6   任务测评表

序号	主要内容	考核要求	评分标准	配分	扣分	得分
1	课前讨论	积极参与讨论，并做深入思考	1）未参与讨论，扣 10 分 2）讨论不够深入，扣 3 分	10		
2	观看微课	完成视频观看	1）未观看视频扣 30 分 2）观看 10%~50%，扣 15 分 3）观看 50%~80%，扣 5 分 4）观看 80%~99%，扣 3 分	30		
3	课前测试	完成课前测试	平台系统自动统计测试分数	20		
4	任务实施	完成任务实施	1）未参与任务实施，扣 40 分 2）每阐释一个问题，得 8 分	40		
合计						
开始时间：			结束时间：			

思考训练题

一、选择题

1. 晶体中的位错属于（　　　）。

A. 体缺陷　　　　　　B. 点缺陷　　　　　C. 线缺陷　　　　　D. 面缺陷

2. 下列属于单相材料的是（　　　）。

A. 玻璃　　　　　　　B. 聚苯乙烯　　　　C. 水泥　　　　　　D. 陶瓷

二、简答题

1. 材料科学与工程的四要素包括哪些？它们之间有何关系？

2. 材料科学是如何形成的？

3. 简述材料科学的发展过程。

项目二　材料的基本性能分析

情景导入

情景导入

　　材料是人类赖以生存和发展的物质基础，但是我们往往感受不到它的重要性，只有当材料失效导致事故发生时，人们才恍然大悟——原来材料是如此重要（图 2-1）。

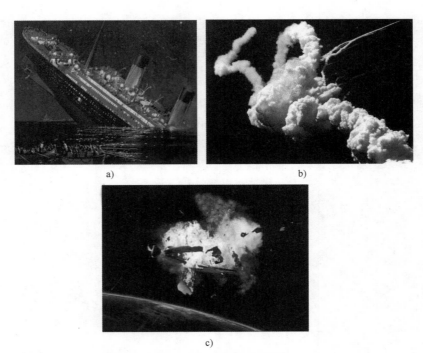

图 2-1　因材料失效而导致的事故

　　例如，1912 年，英国的豪华游轮泰坦尼克号撞上冰山，随后船体裂成两段并沉入大海，船上 1500 多人丧生。究其原因，是船体的含硫钢板在低温下呈现脆性，从而导致灾难性的脆性断裂。

　　1986 年，美国的"挑战者号"航天飞机升空 70s 后发生爆炸，后来的调查表明，升空后的外部温度低于火箭推进器的工作温度，O 形密封圈在低温下失去弹性，进而导致燃料泄漏而引发爆炸。

2003 年，美国"哥伦比亚号"航天飞机在返航时失事解体。由于航天飞机在穿过大气层高速飞行时产生了大量的摩擦热，飞机外层处于高温下隔热瓦剥落，使机翼的铝合金、铁基合金、镍基合金熔化，从而导致航天飞机失控解体。

因材料而导致的事故和灾难还有很多，这些事故时刻提醒人们：对材料的使用一定要谨慎。若材料的性能达不到要求，就会引起构件或产品的过量变形或断裂，使材料失效，从而导致事故发生。

为了避免悲剧的发生，人们开始研究和分析材料服役行为。材料失效分析和服役分析合力研究材料的性能，避免事故的发生。研究和分析材料的性能，对防止零件失效和开发使用材料具有重要意义。

任务一　45 钢和铸铁的力学性能分析

学习目标

知识目标：1. 说出材料的性能和力学性能的基本概念。

2. 列举材料力学性能的评价指标。

3. 知道强度、塑性、硬度的内涵。

能力目标：1. 能独立完成 45 钢和铸铁的拉伸、压缩试验。

2. 能独立完成洛氏硬度测量试验。

3. 能分析应力 - 应变曲线。

素养目标：通过对因材料失效而导致的事故的分析，建立材料安全意识，感受材料性能研究的重要性。

工作任务

材料之所以有用，是因为它具有某种性能，材料的性能是人类追求的第一目标。要在工农业生产中得到应用，材料必须具有良好的性能。那么，材料的性能有哪些呢？ 20 世纪以来，非金属材料及高分子材料得到很大的发展，但金属材料在材料工业中仍然占据主导地位，钢铁材料作为最为重要的金属结构材料之一，对人类社会发展具有极大的推动作用，其中钢铁时代使人类从农业社会步入工业社会。钢铁材料用于建筑、交通、航空航天、军事等领域，主要用来承受一定的外载荷。那么，钢铁材料的性能和它能够承受的载荷之间有什么关系？如何评价钢铁材料的性能？

本任务的内容是操作 CTM9100 型微机控制电子万能材料试验机完成典型塑性材料 45 钢的拉伸、压缩试验和典型脆性材料铸铁的拉伸、压缩试验；操作 HR-150DT 型洛氏硬度计完成硬度测量。根据试验结果，完成材料的力学性能分析，并得出力学性能评价指标。

相关知识

扫一扫

明确材料的
基本性能

一、材料的性能

材料的性能是指材料的性质和功能。性质是材料本身所具有的特性或本性；功能是人们对材料的某种期待、要求材料可以承担的功效，以及承担功效时的表现或能力。

工程材料的性能包括使用性能和工艺性能。使用性能是指在不同外界条件下（载荷、温度、介质、电场等作用下）使用时，材料表现出来的不同行为，包括力学性能、物理性能和化学性能。工艺性能是指材料在加工过程中，对不同加工特性所反映出来的性能，即将材料制成具有一定形状和性能的零件或毛坯的可能性及难易程度，工艺性能直接影响零件的加工质量和制造成本，包括切削加工性能、热处理性能、焊接性能、铸造性能和锻造性能等。

研究材料就是研究材料的性能以及如何获得这些性能的方法。材料性能的划分见表 2-1。

表 2-1　材料性能的划分

简单性能	力学性能	1. 强度：R_e、R_m、R_p 等 2. 弹性：E、G、ν 等 3. 塑性：A、Z 等 4. 韧性：a_K、K_{IC}、C_v 等
	物理性能	1. 热学性能：热导率、膨胀系数等 2. 声学性能：声的吸收、反射等 3. 电学性能：导电性、介电系数等 4. 磁学性能：磁导率、矫顽力等 5. 光学性能：折射率、黑度等 6. 辐射性能：中子吸收截面积、中子散射系数等
	化学性能	1. 抗氧化性能 2. 耐腐蚀性能 3. 抗渗入性能
复杂性能		1. 复合性能：简单性能的组合，如高温疲劳强度 2. 工艺性能：铸造性能、焊接性能、切削加工性能等 3. 使用性能：耐磨性、抗弹穿入性、切削刃锋利性等

二、材料的力学性能

材料被制作成构件，在工作中要承受外力或负载的作用。例如，将铝合金制成飞机机翼，钢铁制成汽车的轴承，它们在承受负载时不允许变形，更不应该发生断裂，也就是构件要具有一定的强度、塑性等力学性能。

所谓力学性能，是指在外加载荷作用下或载荷与环境因素（温度、介质和加载速度）联合作用下所表现出来的行为，也指材料在力的作用下所显示出的弹性与非弹性反应相关或涉及应力 - 应变关系的性能。力学性能不仅是产品设计、选材、验收、鉴定材料的依据，还是对产品加工过程实行质量控制的重要参数。材料的用途不同，对力学性能的要求也不同。金属材料的力学性能主要包括强度、硬度、塑性、韧性、疲劳极限和断裂韧度等，这些性能取决于材料的化学成分、组织结构、冶金质量等内在因素，但载荷性质（静载荷、冲击载荷、交变载荷）、应力状态（拉、压、弯曲、剪切、扭转应力等）、温度、环境介质等外在因素对材料的力学性能也有很大的影响。

与材料的力学性能相关的基本概念如下：

（1）变形　材料在外力作用下引发的形状和尺寸的变化，分为弹性变形和塑性变形。

（2）弹性变形　材料在外力去除后能够回复的变形，如用铁锤敲打钢片后钢片的弹动等，工程中常研究的是材料的弹性小变形。

（3）塑性变形　材料在外力去除后不能回复的变形，如压力机冲压后材料发生的变形等。

下面对几种常见力学性能指标的含义及应用进行介绍。

1. 强度

根据 GB/T 228.1—2010 的规定，材料在力的作用下抵抗永久变形和断裂的能力称为强度。强度是机械零件（或工程构件）在设计、加工、使用过程中的主要性能指标，是选材和设计的主要依据。金属材料的强度按受力类型不同，分为抗拉强度、抗压强度和抗弯强度等。衡量材料强度的指标有弹性极限、屈服强度、抗拉强度、抗压强度和断裂强度等。

材料受外力作用时，其内部会产生内力，并与外力平衡。单位面积上所产生的内力称为应力，单位为 MPa（$=10^6$Pa）。金属材料的强度用应力来表示。通过静拉伸试验测得的主要强度指标有屈服强度和抗拉强度，低碳钢（塑性材料）压缩时得不到抗压强度，只能得到屈服强度；铸铁（脆性材料）压缩时得不到屈服强度，只能得到抗压强度。

扫一扫

材料的力学性能分析——强度

25

低碳钢试样的力 - 伸长曲线如图 2-2 所示，当拉力逐渐增加时，试样经历了弹性变形、塑性变形和断裂三个阶段。

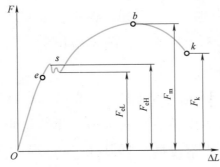

图 2-2　低碳钢试样的力 - 伸长曲线

力 - 伸长曲线的 Oe 段为试样弹性变形阶段，开始阶段变形量与外力成正比，外力撤去后，变形消失，即弹性变形阶段。

e 点以后，随着外力的增大，材料进入屈服阶段，试样发生塑性变形，曲线呈现锯齿状，这种拉伸力不增加而变形继续增加的现象称为屈服。

当外力大于屈服载荷后，要让试样继续伸长，则必须增加拉伸力，随着变形增大，变形抗力也逐渐增大，这种现象称为形变强化。此时材料处于强化阶段，b 点对应的拉力为试样能承受的最大载荷。

当外力超过强化阶段所能抵抗的最大载荷后，试样的某一直径处将发生局部收缩，称为缩颈，此时横截面面积缩小，变形继续在此截面处发生，所需外力也逐渐降低，直至试样断裂，即缩颈断裂阶段，当曲线发展至 k 点时，试样被拉断。

材料的种类繁多，力学性能也不同，拉伸曲线各异。塑性材料（如低碳钢等）在断裂前有明显塑性变形，这种断裂称为韧性断裂；而脆性材料（如铸铁等）在断裂前无明显塑性变形，拉伸曲线上无屈服现象，而且也不产生缩颈，这种断裂称为脆性断裂。

工程材料根据断裂前是否发生塑性变形，可分为两大类：脆性材料和塑性材料。陶瓷、玻璃及普通灰铸铁等属于脆性材料，它们在断裂前只发生弹性变形；大多数金属及聚合物属于塑性材料。材料具有一定的塑性，当其偶然过载时，通过塑性变形和应变硬化的配合，可避免构件发生突然破坏。当构件因存在台阶、沟槽、小孔而产生局部应力集中时，通过材料的塑性变形可削减高峰应力使之重新分布，从而保证构件正常工作。材料具有一定的塑性还有利于塑性加工和修复工艺的顺利进行。

（1）屈服强度（R_e）　屈服强度是指金属材料在拉伸试验期间呈现屈服现象时，产生明显塑性变形而力不增加的应力，分为上屈服强度和下屈服强度。根据图 2-2 可知，屈服强度（单位为 MPa）的计算公式为

上屈服强度
$$R_{eH} = \frac{F_{eH}}{S_o} \tag{2-1}$$

下屈服极限
$$R_{eL} = \frac{F_{eL}}{S_o} \tag{2-2}$$

式中　F_{eH}——试样发生屈服现象而力首次下降前的最大力（N）；

F_{eL}——在屈服期间，不计初始瞬时效应时的最小力（N）；

S_o——试样的原始横截面面积（mm^2），通过试样的原始直径 d_o 计算得到，

$$S_o = \frac{\pi d_o^2}{4}。$$

高碳钢、铸铁等材料在静拉伸试验时不产生明显的屈服现象，可用规定残余延伸强度 $R_{r0.2}$ 来表示，即规定残余延伸率达到 0.2% 时的应力值。

低碳钢（塑性材料）试样压缩过程中超过屈服阶段以后，试样越压越扁，试样抗压能力继续增加，得不到材料压缩时的抗压强度，只能得到屈服强度，由 $R_e = F_e/S_o$ 得出材料受压时的屈服强度，如图 2-3 所示。

（2）抗拉强度（R_m）　抗拉强度（单位为 MPa）是材料拉断前所能承受的最大拉应力，其计算公式为

$$R_m = \frac{F_m}{S_o} \tag{2-3}$$

式中　F_m——试样拉断前承受的最大力（N），即图 2-2 所示曲线上 b 点所对应的拉力。

铸铁（脆性材料）试样压缩过程中破坏断面与试样轴线之间的夹角为 35°~45°，测出破坏时的载荷 F_m，由 $R_m = F_m/S_o$，得到铸铁的抗压强度 R_m，如图 2-4 所示。

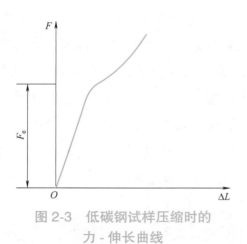

图 2-3　低碳钢试样压缩时的
力 - 伸长曲线

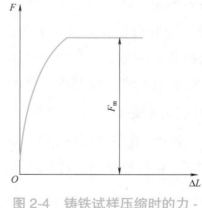

图 2-4　铸铁试样压缩时的力 -
伸长曲线

强度是材料的重要性能指标。一般机械零件使用时不允许发生塑性变形，即要求零件所受的应力小于屈服强度，所以选材与设计的主要依据是屈服强度。而抗拉强度代表材料抵抗大量均匀塑性变形的能力，也是材料抵抗拉断的能力，是评定材料性能的重要参考指标。

2. 塑性

塑性是材料断裂前发生不可逆永久变形的能力。塑性指标也主要是通过静拉伸试验测得的（图 2-2）。工程上常将断后伸长率（A）和断面收缩率（Z）作为材料的塑性指标。

扫一扫

材料的力
学性能分
析——塑性

27

（1）断后伸长率 A　断后伸长率是指试样拉断后标距的伸长量与原始标距长度的百分比，即

$$A = \frac{L_\mathrm{u} - L_\mathrm{o}}{L_\mathrm{o}} \times 100\% \qquad (2\text{-}4)$$

式中　L_o——试样原始标距长度（mm）；

　　　L_u——试样拉断后的标距长度（mm）。

对于同一种材料，采用短试样测出的断后伸长率 A 与采用长试样测出的断后伸长率 $A_{11.3}$（或简写为 A），其数值是不相等的。一般短试样的断后伸长率比长试样的断后伸长率大 20% 左右，对于静拉伸试验局部变形特别明显的材料，这一差距甚至可以达到 50%。

（2）断面收缩率 Z　断面收缩率是指试样拉断后缩颈处横截面面积的最大缩减量与试样原始横截面面积的百分比，即

$$Z = \frac{S_\mathrm{o} - S_\mathrm{u}}{S_\mathrm{o}} \times 100\% \qquad (2\text{-}5)$$

式中　S_o——试样原始横截面面积（mm^2）；

　　　S_u——试样断口处的最小横截面面积（mm^2）。

断后伸长率 A 和断面收缩率 Z 的值越大，表示材料的塑性越好。塑性对材料进行冷塑性交形有重要意义。此外，工件的偶然过载可因塑性变形而防止突然断裂；工件的应为集中处也可因塑性变形而使应力松弛，从而使工件不至于过早断裂。这就是大多数机械零件除要求一定的强度指标外，还要求一定的塑性指标的原因。

与断面收缩率相比，用断后伸长率表示塑性更接近材料的真实应变。一般情况下，$A \geqslant 5\%$ 的是塑性材料，$A < 5\%$ 的是脆性材料，例如，低碳钢 $A = 20\% \sim 30\%$、$Z \approx 60\%$，是塑性材料；铸铁 $A \approx 0.5\%$、$Z \approx 0$，是脆性材料。

脆性材料（铸铁）在拉伸过程中，当超过抗拉强度 R_m 时，试样会在较小的变形下突然断裂；在压缩过程中，试样被压断前，会出现明显的屈服现象（鼓形），并沿着与轴线成 45°~55° 角的斜面压断，得到抗压强度（约为 800MPa），这是衡量脆性材料（铸铁）抗压性能的唯一强度指标，其值远远大于抗拉强度。铸铁压缩时的力学性能与拉伸时的力学性能没有明显差别，试样都是在较小的变形下突然断裂，但其抗压强度比抗拉强度高 3~5 倍。所以工程中常用铸铁作为受压构件，如车床床身等。

新、旧标准中力学性能名称和符号对照见表 2-2。

表 2-2　新、旧标准中力学性能名称和符号对照

标准号	GB/T 228.1—2010	GB/T 228—1987
断面收缩率	Z	Ψ
断后伸长率	A、$A_{11.3}$	δ_5、δ_{10}
屈服强度	R_e	σ_s
上屈服强度	R_{eH}	σ_{sU}
下屈服强度	R_{eL}	σ_{sL}
规定残余延伸长度	R_r、$R_{r0.2}$	σ_r、$\sigma_{r0.2}$
抗拉强度	R_m	σ_b

3. 弹性模量与弹性行为

弹性变形是指材料在外力作用下产生变形，外力去除后变形完全消失，材料回复原状的可逆变形（图 2-2 中的 Oe 段）。从图 2-2 中可以看出，材料在弹性变形阶段，应力（σ）与应变（ε）成正比关系，两者的比值称为弹性模量，记为 E，则有

$$E = \frac{\sigma}{\varepsilon} \tag{2-6}$$

弹性模量 E 的单位为 MPa。在数值上，弹性模量等于弹性应力，即弹性模量是产生 100% 弹性变形所需的应力。在工程中，弹性模量是表征材料对弹性变形的抗力，即材料的刚度，其值越大，则在相同应力下产生的弹性变形就越小。部分金属在室温下的弹性模量见表 2-3。

表 2-3　部分金属在室温下的弹性模量

指标	金属						
	铝	铜	镁	镍	铁	钛	钨
E/GPa	69	110	45	207	207	107	407

4. 硬度

硬度是材料抵抗其他物体压入其表面的性能，是材料的重要力学性能指标之一，材料硬度越高，其他物体压入其表面越困难。硬度试验通常采用压痕法，即用一个压头以一定的压力压入被测材料表面，然后测量材料表面留下压痕的面积或压痕的深度。

硬度试验具有无损检测的特点，实际上不需要制备试样，其压痕很小，不至于损伤整体材料，且试验设备简单、使用方便，被广泛用于工程上的常规力学性能检测。常用的硬度试验方法有布氏硬度试验法、洛氏硬度试验法和维氏硬度试验法等。

（1）布氏硬度（HBW）　根据 GB/T 231.1—2018 的规定，布氏硬度的试验原理

扫一扫

材料的力学性能分析——硬度

示意图如图 2-5 所示。用直径为 D 的硬质合金球（压头），以规定的压力 F 将使其压入材料表面，经规定时间后卸除试验力，测量并计算压痕直径 d，根据式（2-7）计算硬度值（实际测量时可通过查表获得硬度值）。

$$HBW = \frac{F}{S_{压}} = 0.102 \frac{2F}{\pi D \left(D - \sqrt{D^2 - d^2}\right)} \tag{2-7}$$

式中　HBW——用硬质合金球测量的布氏硬度值；

$S_{压}$——压痕表面积（mm^2）；

F——试验力（N）；

D——压头直径（mm）；

d——压痕平均直径，通过在两相互垂直方向测量的压痕直径 d_1、d_2 计算得到，$d = (d_1 + d_2)/2$（mm）。

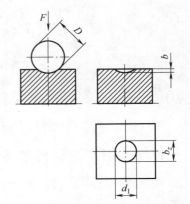

图 2-5　布氏硬度试验原理示意图

　　测量时应根据材料的种类和硬度范围选定合适的压头直径、压力及压力保持时间。测得的硬度值应按标准书写，在符号 HBW 前写出硬度值，符号后面依次用数值表示压头直径、压力、压力保持时间（10~15s 不标注）。例如，150HBW10/1000/30，表示用直径 10mn 的硬质合金球、9.8kN（1000kgf）的压力，保持 30s 测得的硬度值为 150。一般在零件图或工艺文件上可只标出硬度值的大小和符号，而不必规定试验条件，如 200~230HBW。

　　布氏硬度试验的优点是测量误差小、数据稳定；缺点是压痕大，不能用于测试太薄的工件、成品及比压头还硬的材料。一般用来测量退火、正火、调质钢、铸铁及有色金属的硬度。

　　（2）洛氏硬度　洛氏硬度用压痕深度表示硬度值，是对布氏硬度的改进，120°金刚石圆锥压头用来测量较硬的淬火钢材，淬火钢球压头用来测量较软的退火钢、有色金属等。洛氏硬度的符号为 HR，常用洛氏硬度试验条件见表 2-4。

表 2-4　常用洛氏硬度试验条件

符　号	压　头	总载荷/kgf（1kgf=9.8N）	保持时间/s
HRA	120° 金刚石圆锥	60	70~85
HRB	ϕ1.5875mm 淬火钢球	100	25~100
HRC	120° 金刚石圆锥	150	20~67

　　其中，HRA 用于测量高硬度材料，如硬质合金、表淬层和渗碳层；HRB 用于测

量低硬度材料，如有色金属、退火钢和正火钢等；HRC 用于测量中等硬度材料，如调质钢、淬火钢等。

洛氏硬度试验的优点为操作简便、迅速、效率高，可直接测量成品件及高硬度材料；缺点为压痕小，测量不准确，需要多次测量。

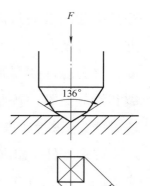

（3）维氏硬度 维氏硬度的测量原理与布氏硬度相同，不同的是采用锥面顶角为 136° 的正四棱锥金刚石压头，如图 2-6 所示，符号为 HV。其测量压痕小，一般用来测量微观硬度，可测量渗碳、渗氮工件的表面硬化层及薄片、小件成品的测量。

图 2-6 维氏硬度
试验原理

常用硬度试验条件及应用范围见表 2-5。

表 2-5　常用硬度试验条件及应用范围

试 验 方 法	压　　头	载荷 /kgf（1kgf=9.8N）	应 用 范 围
布氏 HBW	ϕ10mm 硬质合金球	3000	铸铁和钢
布氏 HBW	ϕ10mm 硬质合金球	500	有色金属
洛氏 HRA	120° 金刚石圆锥	60	很硬的材料
洛氏 HRB	ϕ1.5875mm 淬火钢球	100	黄铜、低强度钢
洛氏 HRC	120° 金刚石锥体	150	高强度钢、很硬的材料
维氏 HV	136° 金刚石锥体	10	硬材料及一般材料

由于硬度测量简便、快捷，不破坏试样（非破坏性试验），在一定条件下还能反映材料的其他力学性能，如根据硬度值可以估算强度（金属的强度与硬度成正比关系，具体可查强度与硬度换算表）和耐磨性，所以硬度测量应用极为广泛。设计者常把硬度标注于图样上，作为零件检验、验收的依据之一，表 2-6 列出了几种常用材料的硬度值。

表 2-6　几种常用材料的硬度值

材　　料	中碳结构钢	碳素工具钢	灰 铸 铁	硬铝合金	黄　　铜
状　　态	热轧	淬火	铸态	硬化	硬化
硬度	170~255HBW	>62HRC	100~250HBW	70~100HBW	140~160HBW

5. 材料的疲劳断裂

（1）疲劳断裂现象 固体材料在力的作用下分成若干部分的现象称为断裂。材料的断裂是力对材料作用的最终结果，它意味着材料的彻底失效。由材料断裂导致的构件失效与其他失效方式（如磨损、腐蚀等）相比危害性最大，可能出现灾难性的后果。

材料的断裂过程大多包含裂纹的形成和扩展两个阶段。由于材料的种类不同，并且引起断裂的条件多种多样，材料断裂的机理和特征也不相同。按照不同的分类方法，可把断裂分为多种类型：按照断裂前与断裂过程中材料的宏观塑性变形的程度，分为脆性断裂和韧性断裂；按照晶体材料断裂时裂纹扩展的途径，分为穿晶断裂和沿晶断裂；按照微观断裂机理，分为解理断裂和剪切断裂；按照作用力的性质还可分为正断和切断。

许多零件（如汽车变速器齿轮、轴、弹簧等）是在循环应力作用下工作的，循环应力的大小、方向随时间而发生周期性变化。在这种应力下，尽管零件所受的应力远小于材料的屈服强度，但经过一定循环次数后，材料在一处或几处将产生局部永久性积累损伤，进而产生裂纹或突然断裂，这种现象称为疲劳。

疲劳的基本特征：①它是一种"潜藏"的失效方式，在静载下，无论材料显示脆性与否，在疲劳断裂时都不会产生明显的塑性变形，断裂常常是突发性的，没有预兆，所以，对承受疲劳负载的构件，通常有必要事先进行安全评估；②由于构件上不可避免地存在某种缺陷，特别是表面缺陷，因而可能在应力不高的情况下，由局部应力集中而形成疲劳裂纹，随着载荷循环的增加，疲劳裂纹不断扩展，减小了构件的有效承载面积，最后，剩余截面不能再承担负荷而突然断裂，所以，实际构件的疲劳破坏过程总是可以明显地分为裂纹萌生、裂纹扩展和最终断裂三个部分。图 2-7 所示为疲劳断裂断口形貌示意图。

（2）疲劳极限（σ_{-1}）　为避免疲劳断裂，零件必须保证经过无限次或相当多次应力的循环作用而不断裂。实践证明，金属材料所受的循环应力 σ 越大，断裂前承受的循环次数 N 越小。

图 2-8 所示为钢铁材料的疲劳曲线示意图，由图可知，在循环应力小于某一值后，试样可以经受无限次应力的循环作用而不断裂，此应力值称为疲劳极限，用 σ_{-1} 表示。实际试验时不可能做无数次循环试验，一般钢铁材料用循环次数达 10^7 时，试样仍不断裂的最大循环应力值表示疲劳极限。

扫一扫

材料的力学性能分析——疲劳强度

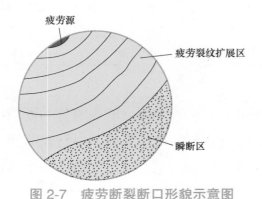

图 2-7　疲劳断裂断口形貌示意图

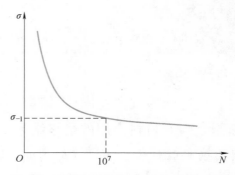

图 2-8　钢铁材料的疲劳曲线示意图

疲劳寿命是构件失效前所经受的应力循环次数 N，它主要由两部分构成：疲劳裂纹的萌生寿命 N_i 和疲劳裂纹的扩展寿命 N_p。

（3）提高疲劳极限的途径 疲劳极限 σ_{-1} 与材料的抗拉强度存在一定的经验关系。抗拉强度 <1400MPa 的钢材，其疲劳极限为抗拉强度的 40%~60%。疲劳极限除与材料本身的性能有关外，还可通过改善零件的结构形状、降低表面粗糙度值、进行表面强化等措施来提高其疲劳强度。

6. 冲击韧性

韧性是指材料在断裂前吸收变形能量的能力，通常用于表示材料抵抗冲击破坏的能力。韧性的主要判据是冲击吸收能量，其数值越大，材料承受冲击的能力就越强。

（1）冲击吸收能量（K） 冲击吸收能量可通过摆锤冲击试验测量，如图 2-9 所示。按 GB/T 229—2020《金属材料 夏比摆锤冲击试验方法》规定，冲击试样的横截面尺寸为 10mm × 10mm、长度为 55mm，试样的中部开有 V 型或 U 型缺口。

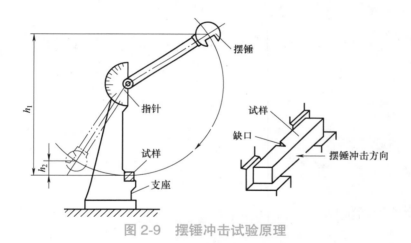

图 2-9 摆锤冲击试验原理

试验时，冲击试样的缺口背向摆锤的冲击方向置于试验机的支架上，将质量为 m 的摆锤举至规定的高度 h_1，然后让摆锤绕其固定轴落下，摆锤冲断试样后又升至高度 h_2。冲击吸收能量是试样在冲击试验力作用下折断时所吸收的能量，用 K 表示，单位为 J，其值可从试验机的分度盘上直接读取，计算公式为

$$KU（或 KV）=mgh_1-mgh_2= mg（h_1-h_2）\tag{2-8}$$

KU（或 KV）值对材料的内部组织、缺陷具有较大的敏感性，同时受温度的影响很大，在选材和设计时，冲击吸收能量一般仅作为参考数据。

（2）韧脆转变温度 冲击吸收能量 K 随温度 T 的降低而减小，如图 2-10 所示，其曲线分三个区：高冲击吸收能量区、低冲击吸收能量区、冲击吸收能量急剧变化区。韧脆转变温度是指冲击吸收能量急剧变化区所对应的温度范围。

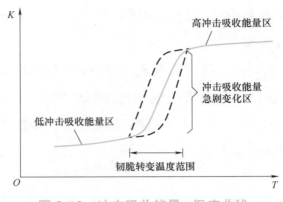

图 2-10　冲击吸收能量 - 温度曲线

材料的韧脆转变温度越低，其低温冲击韧性越好。韧脆转变温度低的材料可以在高寒地区使用，而韧脆转变温度较高的材料在冬季易出现脆性断裂。

 任务实施

一、观看微课：明确材料的基本性能

记录什么是材料的力学性能，包括哪些性能指标，以及各指标如何获得。

明确材料的
基本性能

二、完成课前测试

1. 填空题

（1）去除外力后能够回复的变形称为_____。

（2）强度是指金属材料在静载荷作用下抵抗_____或_____的能力。

（3）低碳钢试样拉伸时经过_____阶段、_____阶段、_____阶段和_____阶段。

2. 选择题

（1）在整个拉伸过程中，低碳钢试样拉断前所能承受的最大拉应力是（　　）。

A. σ_e　　　　　　B. R_e　　　　　　C. σ_p　　　　　　D. R_m

（2）低碳钢试样拉伸过程中，伸长率是材料的一种（　　）指标。

A. 强度　　　　　　B. 硬度　　　　　　C. 塑性　　　　　　D. 冲击韧性

（3）硬度是材料的重要力学性能指标之一，工程上常用的硬度有（　　）。

A. 布氏硬度　　　　B. 划痕硬度　　　　C. 洛氏硬度　　　　D. 维氏硬度

三、任务准备

1. 设备和材料

实施本任务所使用的设备和材料见表 2-7，所用设备如图 2-11 所示。

表 2-7 实施本任务所使用的设备和材料

序 号	分 类	名 称	型号规格	数 量	单 位
1	设备	微机控制电子万能材料试验机	CTM9100	1	台
2		洛氏硬度计	HR-150DT	3	台
3	材料	45 钢圆棒拉伸试样	标准试验件	10	条
4		45 钢圆棒压缩试样	标准试验件	10	条
5		铸铁圆棒拉伸试样	标准试验件	10	条
6		铸铁圆棒压缩试样	标准试验件	10	条
7		45 钢小圆台硬度测量试样	标准试验件	10	个
8		铸铁小圆台硬度测量试样	标准试验件	10	个

a) CTM9100型微机控制电子万能材料试验机

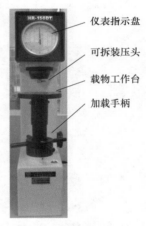

仪表指示盘
可拆装压头
载物工作台
加载手柄

b) HR-150DT型洛氏硬度计

图 2-11 试验所用设备

2. 任务链接

（1）拉伸试验　单轴拉伸试验在电子万能材料试验机上进行。在试验过程中，试验机上的载荷传感器和位移传感器分别将感受到的载荷与位移信号转变成电信号传入 EDC 控制器，信号经过放大和模数转换后传入计算机，并将处理过的数据同步地显示在屏幕上，形成载荷 - 位移曲线（即 F-ΔL 曲线），试验数据可以存储和打印。在试验前，应进行载荷传感器和位移传感器的标定（校准）。

根据 F-ΔL 曲线和试样参数，计算材料的各项力学性能指标。根据性能指标、F-ΔL 曲线特征并结合断口形貌，分析、评价材料的力学性能。试验机操作软件的使用可参见说明。

1）试验设备。CTM9100 型微机控制电子万能材料试验机（图 2-11a）、计算机、打印机、游标卡尺等。

2）试样。材料性能试验是通过操作试样进行的，试样制备是试验的重要环节，国家标准 GB/T 228.1—2010 对此有详细的规定。本试验采用圆棒拉伸试样，如图 2-12 所示。试样的原始横截面面积（S_o）与原始标距长度（L_o）之间应符合一定的关系（短试样 $L_o=5.65\sqrt{S_o}$，长试样 $L_o=11.30\sqrt{S_o}$）。

工作部分应保持均匀、光滑，以确保材料的单向应力状态。均匀部分的有效工作长度 L_o 称为标距，d_o 和 A_o 分别为工作部分的直径和面积。试样的过渡部分应有适当的圆角以降低应力集中；两端的夹持部分用以传递载荷，其形状与尺寸应与试验机的钳口相匹配。

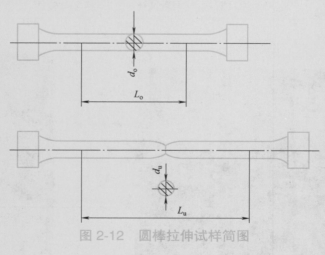

图 2-12　圆棒拉伸试样简图

材料性能的测试结果与试样的形状、尺寸有关，为了比较不同材料的性能，特别是为了使得采用不同的试验设备、在不同的试验场所测试的试验数据具有可比性，试样的形状与尺寸应符合国家标准 GB/T 228.1—2010 的规定。例如，由于缩颈局部及其影响区的塑性变形在断后延伸率中占有较大比例，同种材料的延伸率不仅取决于材质，还取决于试样标距。按国家标准规定，材料延伸率的测试应优先采用以下两种比例试样：

① 长试样：$L_o=10d_o$（圆形截面试样），或 $L_o=11.3\sqrt{A_o}$（矩形截面试样）。

② 短试样：$L_o=5d_o$（圆形截面试样），或 $L_o=5.65\sqrt{A_o}$（矩形截面试样）。

国家标准推荐使用短比例试样。

3）试验步骤。

①原始尺寸测量：a. 确定标距 L_o；b. 测量直径 d_o，在标距中央及两条标距线附近各取一截面进行测量，每个截面沿互相垂直的方向各测一次取平均值，d_o 采用三个截面中平均值的最小值。

②初始条件设定：a. 载荷与位移清零；b. 根据材料的强度与塑性，选择合适的显示量程；c. 输入试样参数。

③试样装夹：试样装夹之后不再进行载荷清零。

④加载试验：a. 设定试验速度，建议低碳钢试样设为 5mm/min，铸铁试样设为 1~2mm/min；b. 开始试验，注意观察试样、曲线显示区的曲线以及载荷与位移显示值的变化；c. 低碳钢试样将依次出现变形的四个阶段，当载荷从最大值开始下降时，可以看到试样的缩颈区，如果试样表面光滑、材料中杂质含量少，则可以清楚地看到表面 45° 方向的滑移线；d. 试样断裂后试验机自动停止加载。

⑤试验结束前的主要工作：a. 打印记录曲线，可以文本文件的形式保存本次试验的信息；b. 取下试样，对接已破坏的试样，测量有关数据，观察断口形貌。

4）试验结果整理。

①强度指标计算。

上屈服强度 $\qquad R_{eH} = \dfrac{F_{eH}}{S_o}$

下屈服强度 $\qquad R_{eL} = \dfrac{F_{eL}}{S_o}$

抗拉强度 $\qquad R_m = \dfrac{F_m}{S_o}$

脆性材料不存在屈服阶段，所以只需计算 R_m。

②塑性指标计算。

断后伸长率 $\qquad A = \dfrac{L_u - L_o}{L_o} \times 100\%$

断面收缩率 $\qquad Z = \dfrac{S_o - S_u}{S_o} \times 100\%$

③绘制 $F\text{-}\Delta L$ 曲线。将 $F\text{-}\Delta L$ 曲线绘制在坐标纸上，标注坐标的刻度，标明变形的各个阶段，标出曲线上的特殊点（如屈服点等）。

④画出断口形貌草图，根据试验结果，对两种材料的性能进行分析比较，完成试验报告。

（2）压缩试验

1）试样。

① 低碳钢试样。一般取圆柱形试件，尺寸为 $1<h/d<3$。在发生屈服以前，其应力 - 应变关系基本上与拉伸试验时相同，随后横截面面积逐渐增大，试样最后被压成饼形而不破裂（图 2-13a），故只能测出 F_e，由 $R_e=F_e/S_o$ 得出材料受压时的屈服极限，而得不出受压时的强度极限。

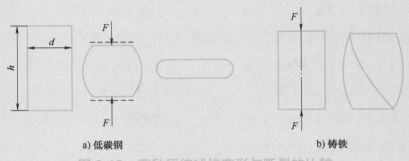

a) 低碳钢   b) 铸铁

图 2-13 两种压缩试样变形与断裂的比较

② 铸铁试样。一般也取圆柱形试样，其尺寸与低碳钢试样一样，试样受力直至破坏（图 2-13b），破坏断面与试样轴线成 35°~45° 角，测出破坏时的载荷 F_m，由 $R_m=F_m/S_o$ 得到铸铁的强度极限 R_m。低碳钢和铸铁两种压缩试样的实物如图 2-14 所示，F-ΔL 曲线如图 2-15 所示。

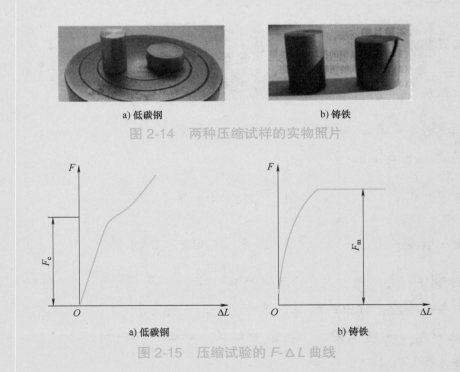

a) 低碳钢   b) 铸铁

图 2-14 两种压缩试样的实物照片

a) 低碳钢   b) 铸铁

图 2-15 压缩试验的 F-ΔL 曲线

2）试验设备。

① CTM9100 型微机控制电子万能材料试验机（图 2-11a）。

② 游标卡尺。

③ 低碳钢和铸铁的圆形压缩试样。

3）试验步骤。

① 测量试样尺寸。测量试样两端及中间三处截面的直径，每个截面沿互相垂直的方向各测一次取平均值，d。采用三个截面中平均值的最小值。

② 初始条件设定：a. 载荷与位移清零；b. 根据材料的强度与塑性，选择合适的显示范围；c. 输入试样参数。

③ 安装试样。将试样两端面涂上润滑油，然后准确地放在试验机活动台支承垫的中心上。

④ 进行试验：a. 对于低碳钢试样，缓慢、均匀地施加载荷，注意低碳钢压缩时的屈服载荷，并记录这一载荷 F_e，屈服之后一直压到试样变成扁平状；b. 对于铸铁试样，缓慢而均匀地加载，一直压到破坏为止，记下破坏时的载荷 F_m。

4）试验结果整理。

① 强度指标计算。

低碳钢压缩屈服极限　　　　　　　$R_e = \dfrac{F_e}{S_o}$

铸铁压缩强度极限　　　　　　　　$R_m = \dfrac{F_m}{S_o}$

② 绘制 $F\text{-}\Delta L$ 曲线。将 $F\text{-}\Delta L$ 曲线绘制在坐标纸上，标注坐标的刻度，标明变形的各个阶段，标出曲线上的特殊点（如屈服点等）。

③ 画出两种材料的变形和断口形状草图，根据试验结果，对两种材料的性能进行分析比较，完成试验报告。

（3）硬度测量　在初始试验力及总试验力的先后作用下，将压头（金刚石圆锥或钢球）压入试样表面，经规定保持时间后卸除主试验力，用测量的残余压痕深度增量计算硬度值。

1）试验设备。HR-150DT 型洛氏硬度计如图 2-11b 所示，它由机架、加载机构、测量指示机构及工作台升降机构等主要部分组成。

2）试样。

① 在制备试样过程中，应尽量避免加热、冷加工等对试样表面硬度的影响。

② 试样的试验面应尽可能是平面，不应有氧化皮及其他污物，表面粗糙度值一般不大于 $Ra\,0.8\mu m$。

③ 试样或试验层厚度应不小于压痕深度（e）的 10 倍，试验后，试样背面

不得有肉眼可见的变形痕迹。

3）试验步骤。

① 将试样放在工作台上，沿顺时针方向缓缓地旋转手轮使工作台上升，让试样顶住压头，直至小指针指在红点处，表明已加载上初始试验力；然后转动指示器调整盘，使大指针对准标记"C"或"B"点。

② 将操纵手柄向后推倒，加载上主试验力，待大指针停止转动后，让总试验力保持6~8s，再将手柄扳回以卸除主试验力。

③ 按指示器大指针所指刻线读取硬度值。以金刚石圆锥为压头的，按度盘外圈标记为"C"的黑色刻线读数；以钢球为压头的，按内圈标记为"B"的红色刻线读数。

④ 沿逆时针方向旋转手轮，降下工作台，取下试样，或把试样移动到新的部位，继续进行试验。每块试样上的试验点数应不少于4点（第1点不计），读数应精确到0.5个洛氏硬度单位，取3点读数的算术平均值作为硬度值。

四、以小组为单位完成任务

在教师的指导下，完成相关知识点的学习，并完成任务决策计划单（表2-8）和任务实施单（表2-9）。

表2-8　任务决策计划单

制定工作计划 （小组讨论、咨询教师，将下述内容填写完整）		
拉伸试验	操作步骤：	
	分工情况：	
	需要的设备和工具：	
	注意事项：	

（续）

制定工作计划 （小组讨论、咨询教师，将下述内容填写完整）		
压缩试验	操作步骤：	
	分工情况：	
	需要的设备和工具：	
	注意事项：	
硬度测量	操作步骤：	
	分工情况：	
	需要的设备和工具：	
	注意事项：	

表 2-9　任务实施单

小组名称		任务名称	
成员姓名	实施情况		得分

 检查测评

对任务实施情况进行检查，并将结果填入表 2-10 中。

表 2-10　任务测评表

序　号	主要内容	考核要求	评分标准	配分	扣分	得分
1	课前测试	完成课前测试	平台系统自动统计测试分数	20		
2	观看微课	完成视频观看	1）未观看视频扣 20 分 2）观看 10%~50%，扣 15 分 3）观看 50%~80%，扣 5 分 4）观看 80%~99%，扣 3 分	20		
3	任务实施	完成任务实施	1）未参与任务实施，扣 60 分 2）完成拉伸试验及分析，得 20 分 3）完成压缩试验及分析，得 20 分 4）完成硬度测量及分析，得 20 分	60		
合计						
开始时间：			结束时间：			

思考训练题

一、选择题

1. 材料的工艺性能包括（　　　）。

A. 热处理性能　　　　　　　　　　　B. 切削加工性能

C. 焊接性能　　　　　　　　　　　　D. 铸造性能

2. 材料的使用性能包括（　　　）。

A. 力学性能　　　　　　　　　　　　B. 物理性能

C. 化学性能　　　　　　　　　　　　D. 断裂性能

3. 在低碳钢试样的整个拉伸过程中，材料只发生弹性变形的应力范围是强度不超过（　　　）。

A. σ_e　　　　　　B. R_e　　　　　　C. σ_p　　　　　　D. R_m

4. 金属材料在载荷作用下抵抗塑性变形或断裂的能力称为（　　　）。

A. 强度　　　　　　B. 硬度　　　　　　C. 塑性　　　　　　D. 弹性

5. 表示金属材料屈服强度的符号是（　　　）。

A. σ　　　　　　B. R_e　　　　　　C. R_m　　　　　　D. σ_{-1}

6. 以下工程实例中，属于疲劳破坏问题的是（　　　）。

A. 起重钢索被重物拉断

B. 因齿轮轴变形过大而使轴上的齿轮啮合不良

C. 车床主轴变形过大

D. 空气压缩机的活塞杆工作中因载荷反复作用折断

7. 就大多数金属而言，温度对塑性变形总的影响趋势是：随着温度的升高，（　　　）。

A. 塑性降低，变形抗力升高　　　　　　B. 塑性升高，变形抗力升高

C. 塑性升高，变形抗力降低　　　　　　D. 塑性降低，变形抗力降低

8. 机器中形状复杂的箱体、缸体、床身、机架等往往都是（　　　）。

A. 铸铁件　　　　　B. 锻件　　　　　　C. 焊接件　　　　　D. 粉末冶金件

9. 在测量材料硬度时，用测量压痕深度来表示硬度值的是（　　　）。

A. 布氏硬度　　　　B. 洛氏硬度　　　　C. 疲劳强度　　　　D. 冲击韧性

10. （　　　）压痕大，故不易测试薄件或成品的硬度。

A. 布氏硬度　　　　B. 维氏硬度　　　　C. 洛氏硬度　　　　D. 努氏硬度

11. 测量硬度时若采用压头为钢球，其符号用（　　　）表示。

A. HBW　　　　　B. HBS　　　　　　C. HRC　　　　　　D. HRA

12. 在测量薄片工件的硬度时，常用的硬度测试方法的表示符号是（　　　）。

A. HB　　　　　　B. HRC　　　　　　C. HV　　　　　　D. HS

二、判断题

1. 脆性材料的抗压性能比抗拉性能好。　　　　　　　　　　　　　　　（　　　）

2. 工程材料的塑性指标一般用伸长率和断面收缩率来评定。　　　　　（　　　）

3. 铸铁拉断时的总变形很小，没有明显的塑性变形。　　　　　　　　（　　　）

4. 低碳钢在拉伸时其应力应变曲线分为三个阶段。　　　　　　　　　（　　　）

三、简答题

1. 什么是材料的性能？都包括哪些？

2. 什么是材料的工艺性能？都包括哪些？

3. 什么是材料的使用性能？都包括哪些？

4. 什么是材料的力学性能？都包括哪些？

5. 什么是强度？包括哪些评价指标？用什么符号表示？

6. 什么是塑性？包括哪些评价指标？用什么符号表示？

7. 什么是塑性材料？典型的塑性材料有哪些？什么是脆性材料？典型的脆性材料有哪些？

8. 什么是硬度？工程上常用的硬度有哪些？

9. 常用硬度的符号分别是什么？各自有什么优缺点和应用范围？

10. 什么是材料的冲击韧性？其评价指标是什么？

任务二　材料的物理化学性能分析

学习目标

知识目标：1. 说出材料的物理性能和化学性能的内涵。

　　　　　2. 列举材料的物理性能和化学性能包括的内容。

　　　　　3. 说出材料工艺性能的内涵并列举其包含的种类。

能力目标：能测量铜基复合材料的导电性。

素养目标：通过对材料与环境的协调关系的认识，树立环保意识和合理利用材料意识。

 工作任务

物理化学性能是选择材料时的重要指标。例如，在高温下使用时，要考虑材料的导热性等热学性能；用于输电的导线，需要考虑其导电性等。

本任务的内容：操作 K1951 数字微欧计完成典型导电材料铜导线的电导率的测量；根据试验结果，完成材料的物理性能分析，并得出物理化学性能评价指标。

 相关知识

扫一扫

材料的物理
性能和化学
性能

一、材料的物理性能

材料的物理性能是指材料受到自然界中光、重力、温度场、电场、磁场等作用所反映出来的性能，是材料的固有属性，包括密度、热学性能、电学性能和磁学性能等。机器零件的用途不同，对物理性能的要求也不同。

1. 密度

密度是指单位体积的物质的质量，单位一般为 kg/m^3 或 g/cm^3，是选用材料的主要依据之一。例如：制造飞机、汽车、火箭、卫星等时，为了减轻自重、节省燃料，宜选用密度较小的材料，如汽车轻量化是目前研究的热点；制造深海潜水艇、平衡重锤等时，为增加自重、提高稳定性，应选用密度较大的材料。常用材料的密度见表 2-11。

表 2-11　常用材料的密度

材料	铅	铜	铁	钛	铝	锡（白）	钨	塑料	玻璃钢	碳纤维复合材料
密度 / (g/cm³)	11.3	8.9	7.8	4.5	2.7	7.28	19.3	0.9~2.2	2.0	1.1~1.6

2. 熔点

熔点是材料从固态转变为液态的温度。金属等晶体材料一般具有固定的熔点，而高分子材料等非晶体材料则没有固定的熔点。高熔点的金属可用于制造耐高温的零件，低熔点的金属可用于制造熔断器、焊接钎料等。在非金属材料中，陶瓷具有很高的熔点，一般超过 2000℃；塑料和橡胶一般都不耐热，软化温度都很低，如一般塑料的使用温度不超过 100℃，只有极少数塑料可在 250℃ 的温度下长期使用。常用材料的熔点见表 2-12。

表 2-12 常用材料的熔点

材料	钨	钛	铁	铜	铝	铋	锡	铸铁	碳钢	铝合金
熔点 /℃	3380	1677	1538	1083	660.1	271.3	231.9	1148~1279	1450~1500	447~575

3. 热学性能

由于材料及其产品都是在一定温度下使用的，在使用过程中对不同温度有不同反应，会表现出不同的热学性能，主要包括热容、热膨胀、热传导等。

（1）热容 材料在温度上升或下降时要吸热或放热。在不发生相变或化学反应的条件下，材料温度升高 1K 时所吸收的热量（Q）称为材料的热容，单位为 J/K，温度 T 时的热容可表示为

$$C_T = \left(\frac{\partial Q}{\partial T} \right)_T \tag{2-9}$$

不同种类的材料，其热容不同。单位质量材料的热容称为比热容，单位为 J/（kg·K）；1mol 材料的热容称为摩尔热容，单位为 J/（mol·K）。

（2）热膨胀 热膨胀是指材料的长度或体积在不加压力时随温度的升高而增大的现象。膨胀的原因是原子受热后能量增加，发生了偏离平衡位置的振动，导致原子间距增大，从而使材料在宏观上表现出体积或线性尺寸增大。原子间的结合力越大，原子间的平衡间距随温度的升高变化越小。以共价键和离子键结合为主的材料的热膨胀最小，金属键结合的次之，分子键结合的聚合物材料的热膨胀最大。

材料的热膨胀通常用线膨胀系数 α_1 表示，它表示温度上升 1K 时单位长度的伸长量，单位为 K^{-1}。实际上，固体材料的 α_1 值并不是一个常数，而是随温度变化的，通常随温度升高而加大。无机非金属材料的线膨胀系数一般较小，为 $10^{-5} \sim 10^{-6} K^{-1}$，各种金属及其合金在 0~100℃ 范围内的线膨胀系数也为 $10^{-5} \sim 10^{-6} K^{-1}$。钢的线膨胀系数多为（1~2）× $10^{-5} K^{-1}$。所以材料的线膨胀系数一般用平均线膨胀系数表征。

（3）热传导 热传导是指材料中的热量自动地从热端传向冷端的现象。若材料在垂直于 x 轴方向的截面积为 ΔS，沿 x 轴方向的温度变化率为 dT/dx，在 Δt 时间内沿 x 轴正方向通过 ΔS 截面上的热量为 ΔQ，则对于各向同性的物质，在稳定传热状态下满足傅里叶定律，即

$$\Delta Q = -\lambda \frac{dT}{dx} \Delta S \Delta t \tag{2-10}$$

其中，λ 为热导率（或称导热系数），单位为 W/（m·K），其物理意义是：在单位梯度温度下，单位时间内通过材料单位垂直面积的热量。热导率表征了材料传输热量的能力，其值越大，材料的导热性越好。

固体材料的热传导主要是由晶格振动的格波（声子）来实现的，高温时还可能

有光子热传导，而金属材料中由于有大量自由电子，电子是其主要传热因素，因此，金属材料有较大的热导率，大多数金属在室温下的热导率大约为 10^2W/（m·K）数量级。非金属材料中由于缺少自由电子，声子是热传导的主要载流子，但由于声子易受晶格缺陷的散射，热传导的效率远远低于自由电子，因此陶瓷和高聚物等非金属材料是热的不良导体。

热导率是工程上选择保温或热交换材料的重要依据之一，也是材料热处理或热加工时要考虑的参数。

4. 电学性能

材料的电学性能是材料物理性能的重要组成部分，主要有导电性能和介电性能。

（1）电阻率与电导率　材料的电阻 R 与其性质、长度和截面积有关，即

$$R = \rho \frac{L}{S} \tag{2-11}$$

其中，ρ 为电阻率，单位为 $\Omega \cdot m$，它是微观水平上阻碍电流流动的量度，在数值上等于单位长度和单位面积上导电体的电阻值。电阻率是材料的固有性质，只与材料的结构有关，而与材料的尺寸无关，在金属中依赖于自由电子的运动，在半导体中取决于载流子的行为，在离子材料中依赖于离子的运动。导体、半导体和绝缘体的电阻率大小大致如下：

导体：$\rho = 10^{-8} \sim 10^{-5} \Omega \cdot m$；

半导体：$\rho = 10^{-5} \sim 10^7 \Omega \cdot m$；

绝缘体：$\rho = 10^7 \sim 10^{20} \Omega \cdot m$。

在研究材料的导电性时，还常用电导率 σ（单位为 S/m），它是电阻率的倒数，即

$$\sigma = \frac{1}{\rho} \tag{2-12}$$

由式（2-11）可知，ρ 越小，σ 越大，材料的导电性能越好。

影响材料电导率的因素主要有温度和材料的加工工艺过程等。金属材料的电导率随温度的升高而下降；而以离子电导为机理的离子晶体型陶瓷材料，其电导率随温度的升高而上升。冷塑性变形、淬火以及拉应力会使金属的电导率降低；半导体材料的温度越高，其电导率反而越大。

（2）介电性能　许多电导率很低的绝缘类材料，在电场作用下会沿电场方向产生电偶极矩 u，在靠近电极的材料表面会产生束缚电荷，这种材料称为介电体或电介质，这种现象称为电介质的极化。极化强度 P 定义为电介质单位体积 ΔV 内电偶极矩的向量和，其单位为 C/m^2，计算公式为

$$P = \frac{\sum u}{\Delta V} \tag{2-13}$$

综合反映电介质材料极化行为的一个主要宏观物理量是介电常数 ε，它表示电容器在有电介质时的电容与在真空状态（无电介质）时的电容相比的增长倍数。ε 是描述电介质材料极化性能的基本参数，它是材料极化性能的平均值。介电常数的单位是 F/m，真空介电常数 $\varepsilon_0 = 8.85 \times 10^{-12}$F/m。

绝缘材料的介电常数 ε 与真空介电常数 ε_0 之比，称为该材料的相对介电常数，即

$$\varepsilon_r = \frac{\varepsilon}{\varepsilon_0} \tag{2-14}$$

（3）超导电性　材料在一定温度以下电阻为零的现象，称为材料的超导电现象。在一定温度下，具有零电阻超导电现象的材料称为超导体。超导体的电阻变为零时的温度称为临界温度 T_c。

自 1911 年首次发现汞的超导性以来，至今已发现上千种超导体。由于苛刻的低温条件严重限制了超导技术的应用，因此，寻求高 T_c 的超导材料是该领域的主攻目标。从 1987 年开始，T_c 值有了很大的提高，已可使超导体在液氮（77K）条件下工作；我国已研制出 $T_c = 92.3$K 的钇系超导薄膜；1990 年发现的钒系复合氧化物，其 T_c 值高达 132K。

超导体在超导发电机、超导电动机、超导输电、超导储能、磁悬浮列车、磁流体发电及核聚变等领域有广阔的应用前景。

5. 磁学性能

（1）磁化率和磁导率　磁化是当磁性材料在磁场作用下使感生的或固有的磁偶极子排列时取向趋于一致的现象。用磁化强度 M 来描述材料的磁化状态，它表示单位体积内的总磁矩，单位为 A/m。磁化强度 M 和磁场强度 H 的比值称为磁化率，记为 χ。通过磁场中的某点，垂直于磁场方向的单位面积上的磁力线数称为磁感应强度，用 B 表示，其单位为 T（特斯拉）。磁感应强度 B 与磁场强度 H 的比值称为磁导率，记为 μ。真空磁导率为 μ_0，则相对磁导率 $\mu_r = \mu/\mu_0$。磁化强度的计算公式为

$$B = \mu_0 H + \mu_0 M \tag{2-15}$$

M 表示在外磁场 H 的作用下，材料中因磁矩沿外场方向排列而使磁场强化的量度。磁化率与相对磁导率的关系为

$$\chi = \mu_\chi - 1 \tag{2-16}$$

（2）剩余磁化强度与矫顽力　铁磁性物质在外加磁场的作用下，随着磁场强度

H 的增加，其磁化强度 M 不断增大，最后趋于饱和。降低磁场强度，磁化强度将缓慢地减小，这就是退磁过程。当 H 减小到零时，M 并未下降到零，而是保持一定的数值，这就是剩余磁化强度，表示材料在无磁场时仍然保持一定的磁化状态。要使 M 为零，必须加一个反向的磁场 H_C，H_C 即为矫顽力。退磁过程中 M 的变化落后于 H 的变化，这就是磁滞现象。

二、材料的化学性能

材料抵抗各种化学作用的能力称为化学性能，任何材料都是在一定环境下使用的，环境作用的结果可能引起材料物理和力学性能的下降。常见的环境对材料的作用有氧化、腐蚀等化学反应，材料的化学性能主要包括抗氧化性、耐蚀性。

1. 材料的腐蚀与防护

腐蚀是材料由于环境的作用而引起的破坏和变质，主要分为化学腐蚀、电化学腐蚀和物理腐蚀三大类。腐蚀是非常普遍的，从热力学的观点出发，除了极少数贵金属（Au、Pt 等）外，一般材料发生腐蚀都是一个自发的过程。应采取有效的措施对材料的腐蚀进行防护。

耐蚀性是指材料抵抗介质侵蚀的能力。材料的耐蚀性常用渗蚀度（每年腐蚀深度）K_a（单位为 mm/ 年）来描述。一般非金属材料的耐蚀性比金属材料高得多。

（1）金属材料的腐蚀　金属材料的腐蚀形式主要有两种：一种是化学腐蚀，另一种是电化学腐蚀。化学腐蚀是金属直接与周围介质发生纯化学作用，如钢的氧化反应。电化学腐蚀是金属在酸、碱、盐等电解质溶液中由于原电池的作用而引起的腐蚀。

（2）高分子材料的腐蚀　高分子材料腐蚀的主要表现形式为老化。从本质上高分子材料的老化可分为化学老化和物理老化。化学老化是指在化学介质或化学介质与其他因素（如力、光、热等）共同作用下所发生的使高分子材料破坏的现象，主要是主键的断裂，有时次价键的破坏也属于化学老化。高聚物的物理老化仅指由于物理作用而发生的可逆性的变化，不涉及分子结构的改变。

（3）材料腐蚀防护　腐蚀是材料与环境发生界面反应引起的破坏。因此，防止材料腐蚀可以从材料本身、环境和界面三方面考虑。但材料腐蚀破坏的形式是多种多样的，影响腐蚀的因素也很复杂，而每一种防腐蚀措施都有其特定的应用条件和范围。所以，减少和防止腐蚀的基本原则是针对具体情况采取相应的防护措施，有时是多种防护方法的综合应用。

材料防护技术主要有以下几种：正确选用耐蚀材料和合理的结构设计；改善腐蚀环境；表面耐蚀处理；电化学保护等。

2. 材料与环境的协调性

材料的大量生产和使用，一方面服务于人类，另一方面又消耗了大量的资源和能源，并且在这一从生产、使用到废弃的过程中排放出大量的废气、废水和工业废弃物，污染环境，恶化人类赖以生存的空间。

近十几年来，生态材料（环境材料）的呼声很高，但对其界定还不是很清楚，一般认为是那些将环境负荷减至最低、再生率增至最大的材料。人们认为环境材料应具备以下三大特征：一是先进性，即它可以拓宽人类的生活领域，也能为人类开拓更广阔的活动范围；二是环境协调性，即能减少对环境的污染和危害，从社会可持续发展的观点出发，使人类的活动范围和外部环境尽可能协调，在制造过程中，材料与能源的消耗、废弃物的产生应降至最少，所产生的废弃物应能被处理、回收、再生利用，且这一过程也无污染产生；三是舒适性，即能创造一个与大自然和谐的健康生活环境，使人类生活更加美好、舒适。

（1）材料的绿色制备和生产 例如：将鼓风炉炼铁改为熔融还原法，不仅不排放 CO，还能在制铁过程中生产出 H_2 作为清洁燃料，这将是生产方式上的大变革；现在的水泥生产不仅会燃烧掉煤，还要把石灰石（$CaCO_3$）还原成 CaO，每个过程都会放出 CO_2，如果把水泥的 CaO 组元含量降低，将对环境起到有利的作用；一系列所谓"软加工"方法制备材料并加以成形都在室温进行，不经燃烧或高温过程，因而属于对环境友好的方法。

（2）环境协调材料 在可能的情况下，尽量使用天然材料，如木材、石材等。这些材料可以再生或者无须人工制造。例如，木材是地球上数量最多且可再生的植物，加工能耗低，可以循环利用，对此类天然材料的开发和应用受到了越来越多的重视。

（3）环境修复材料 例如，对于污染的吸附材料、净化过滤材料、汽车尾气的催化材料，将利用其本身的功能作为它们使用的目标，主动修复和改善环境。这一领域的材料对环保大有作用。

（4）降解材料 生活、工农业生产中使用的不可降解塑料造成了严重的白色污染，而对这些污染的处理成本高，再利用价值低。所以生产可降解的塑料成为保护环境材料研制的一大课题。在各种解决方案中，有的只在塑料生产中加入一定量的添加剂、光敏材料；有的主要采用天然植物原料（如淀粉）发展生物全降解技术；有的以纸张代塑料，并且大量利用废纸纸浆；有的采用植物纤维粉加胶热压。

（5）材料的回收和多次利用 例如：钢铁废料已变成投入再生产的原料；铝的消耗量很大，回收铝制品所耗费的电能比从矿物到电解金属铝所耗费的能量少得多，只占5%，如果社会积累的铝和回收再利用的铝占很大的比重，将为能源和环境减少很大的压力，而且将降低铝的价格。在材料的再循环中，最难的问题可能还是塑料制品的回收和再生利用。高分子材料的品种繁杂，将回收在一起的不同高分子材料加以分离就是一个大问题。德国开发出利用色谱分离法分离混杂在一起的聚碳和聚苯乙烯塑料的流程，分离开的高分子材料可以再用。

社会的可持续发展涉及众多领域，人们正在努力把材料科学与工程的活动和环境的改善结合起来，今后生态环境也作为引导材料发展的一个方向。

三、材料的工艺性能

材料的工艺性能是指材料的可加工性，金属材料主要包括铸造性、可锻性、焊接性等。材料工艺性能的好坏，直接影响到制造零件的工艺方法和质量以及制造成本。

1. 铸造性

铸造性是指浇注铸件时材料能充满比较复杂的铸型并获得优质铸件的能力。金属材料的铸造性主要包括流动性、收缩率、偏析倾向等指标。流动性好、收缩率小、偏析倾向小的材料其铸造性也好。

对某些工程塑料，在其成型工艺方法中，也要求有较好的流动性和小的收缩率。

2. 可锻性

可锻性是指材料是否易于进行压力加工的性能。可锻性的好坏主要以材料的塑性加工和变形抗力来衡量。一般钢的可锻性较好，而铸铁不能进行任何压力加工。热塑性塑料可通过挤压和压塑成型。

3. 可加工性

可加工性是指材料是否易于切削加工的性能。它与材料种类、成分、硬度、韧性、导热性及内部组织状态等许多因素有关。有利于切削的材料硬度为160~230HBW，可加工性好的材料切削容易、刀具磨损小，加工表面光洁。金属和塑料相比，切削工艺有不同的要求。

4. 焊接性

焊接性是指材料是否易于焊接在一起并能保证焊缝质量的性能，一般用焊接处出现各种缺陷的倾向来衡量。低碳钢具有优良的焊接性，而铸铁和铝合金的焊接性则很差。某些工程塑料也有良好的焊接性，但与金属的焊接机制及工艺方法并不相同。

四、各类材料的综合性能比较

各类材料的综合性能比较见表2-13。

表 2-13　各类材料的综合性能比较

材　料	优　点	缺点及改进措施
金属	刚度好（$E \approx 100\mathrm{GPa}$） 塑性好（$\varepsilon_f \approx 20\%$），可成型 韧性好（$K_{IC} > 50\mathrm{MPa \cdot m^{1/2}}$） 熔点高（$T_m \approx 1000℃$） 耐热冲击（$\Delta T > 500℃$）	易屈服（超纯金属 $\sigma_y \approx 1\mathrm{MPa}$）→合金化 硬度低（$H \approx 3\sigma_y$）→合金化 疲劳强度低（$\sigma_{-1} \leqslant 0.5R_m$） 耐蚀性差→镀层
陶瓷	刚度好（$E \approx 200\mathrm{GPa}$），中等密度 熔点高（$T_m \approx 2000℃$） 硬度高 耐腐蚀	抗拉强度低 韧性很差（$K_{IC} \approx 50\mathrm{MPa \cdot m^{1/2}}$） 耐热冲击强度差（$\Delta T \approx 200℃$） 难成型→粉末烧结
高分子	塑性好，可成型 耐腐蚀 密度低	刚度低（$E \approx 2\mathrm{GPa}$） 屈服强度低（$\sigma_y \approx 2{\sim}100\mathrm{MPa}$） 玻璃化温度低，易蠕变（$T_g \approx 100℃$） 韧性差（$K_{IC} \approx 1\mathrm{MPa \cdot m^{1/2}}$）
复合材料	刚度好（$E > 50\mathrm{GPa}$） 强度高（$\sigma_y \approx 200\mathrm{MPa}$） 韧性好（$K_{IC} > 20\mathrm{MPa \cdot m^{1/2}}$） 疲劳强度高 耐腐蚀 密度低	成型性差 成本高 高分子基体易蠕变

 任务实施

一、观看微课：材料的物理性能和化学性能

记录材料的物理性能、化学性能包括哪些指标。

材料的物理性能和化学性能

二、完成课前测试

查阅资料，搜集铜的导电性的测量方法、铜基复合材料的导电性，并完成课前测试。

1. 判断题

（1）抗氧化性和耐蚀性是工程材料的物理性能。　　　　　　　（　　）

（2）化学性能是材料的固有性能。　　　　　　　（　　）

2. 选择题

（1）工程材料的物理性能主要包括（　　　）。

A. 导热性、导电性　　　　　　B. 磁性

C. 密度、熔点　　　　　　　　D. 热膨胀

（2）工程材料的化学性能主要包括（　　　）。

A. 导电性　　　　　　　　　　B. 抗氧化性

C. 热膨胀　　　　　　　　　　D. 耐蚀性

三、任务准备

实施本任务所使用的设备和材料见表 2-14 和如图 2-16 所示。

表 2-14　实施本任务所使用的设备和材料

序　号	分　类	名　称	型号规格	数　量	单　位	备　注
1	设备	数字微欧计	K1951	1	台	
2	材料	铜导线	标准试验件	若干	条	

a) K1951数字微欧计　　　　　　　　　　b) 铜导线

图 2-16　试验所用设备和材料

采用手持式数字微欧计，轻触按键软面板，可以选择自动量程或手动量程进行测量，并具有按键清零功能。

数字微欧计的使用步骤如下：

1）打开电源开关。

2）选择所需的量程。

3）设置清零。

4）将被测产品两端接入仪器，测出电阻值。

5）根据电阻率与电导率的换算公式，计算出电导率。

四、以小组为单位完成任务

在教师的指导下，完成相关知识点的学习，并完成任务决策计划单（表 2-15）

和任务实施单（表 2-16）。

表 2-15　任务决策计划单

制定工作计划	
（小组讨论、咨询教师，将下述内容填写完整）	
电导率测量试验	操作步骤：
	分工情况：
	需要的设备和工具：
	注意事项：

表 2-16　任务实施单

小组名称		任务名称	
成员姓名	实施情况		得分

检查测评

对任务完成情况进行检查，并将结果填入表 2-17 中。

表 2-17　任务测评表

序　号	主 要 内 容	考 核 要 求	评 分 标 准	配分	扣分	得分
1	课前测试	完成课前测试	平台系统自动统计测试分数	40		
2	任务实施	完成任务实施	1）未参与任务实施，扣 60 分 2）完成电导率测试，得 20 分 3）测试三组数据并取平均值，得 20 分 4）正确记录，得 20 分	60		
合计						
开始时间：			结束时间：			

思考训练题

一、选择题

以下属于陶瓷材料特点的有（　　　　）。

A. 高熔点 　　　　　B. 抗拉强度低 　　　　　C. 韧性很低 　　　　　D. 高硬度

二、简答题

1. 什么是材料的物理性能？都包括哪些？

2. 什么是材料的化学性能？都包括哪些？

项目三　材料的微观结构分析

 情景导入

　　从材料科学与工程的四要素可知，材料的性能由其结构与成分决定，如图 3-1 所示。只有从微观上了解材料的组成、结构与性能的关系，才能有效地选择、制备和使用材料。不同的材料具有不同的性能，同一材料经不同

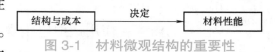

图 3-1　材料微观结构的重要性

加工工艺处理后也会有不同的性能，这些都归结于材料内部的结构。物质通常有三种存在形态：气态、液态和固态，而使用状态下的材料通常都是固态的。所以，要研究材料的结构与性能之间的关系，首先必须弄清楚材料在固态下的结合方式及结构特点，从而进行材料的微观结构分析。

任务一　金属及合金的原子结构分析

 学习目标

知识目标：1. 说出原子结合键的内涵。

　　　　　2. 列举原子结合键的种类（5 种），并阐释其形成原理。

　　　　　3. 描述各类材料的键性。

　　　　　4. 阐述晶体与非晶体的概念。

　　　　　5. 列举纯金属的三种晶体结构。

　　　　　6. 列举金属的四种缺陷。

　　　　　7. 列举合金的两种相结构。

能力目标：1. 能根据材料的种类判断其原子结合键。

2. 能分析不同材料形成特殊性能的原子结合键的原因。

3. 能计算纯金属的三种晶体结构的参数。

4. 能分析四种缺陷对金属性能的影响。

5. 能分析两种相结构对合金性能的影响。

素养目标：通过分析材料微观结构对宏观性能的影响，树立探究物质本质的意识。

工作任务

由材料的性能分析可知，金属材料、无机非金属材料、有机高分子材料的性能差异巨大。原子的结合方式在很大程度上决定了材料的性能，结合方式的不同往往会形成不同种类的材料，在丰富多彩的材料世界中，各种材料的区别在于其微观原子结合键的差异。金属材料具有典型的晶体结构，原子排列规则，存在一定的晶体缺陷，为金属材料的制备与加工奠定了基础，并形成了金属材料的塑性、韧性等力学性能，以及导电性等物理性能。

本任务的内容：使用透射电镜观察 45 钢的微观结构，说出其原子排列特点，指出其中的晶体缺陷和相结构，并描述微观结构对其性能的影响。

扫一扫

什么是结合键

 ### 相关知识

一、材料结构的层次

材料结构分六个层次：①宏观结构（macrostructure），以 mm 衡量；②细观结构（mesoscopic structure），以 μm~mm 衡量；③微观结构（microstructure），以 nm~μm 衡量；④纳米结构（nanostructure），以 nm 衡量；⑤原子的近程排列（short-range atomic arrangements），几个到几十个原子排列；⑥原子结构（atomic structure），单位为 Å（埃）。

二、材料的原子结构模型

原子由原子核和核外电子组成，核外电子的排列和运动方式不仅决定了单个原子的行为，也决定了原子与其他原子的结合方式和所形成结合键的种类。为便于研究，假定原子是具有一定直径的固态球，同最邻近的原子相接触，即钢球模型，如图 3-2 所示。

图 3-2　钢球模型

三、结合键

在固态下，当原子（离子或分子）聚集为晶体时，原子（离子或分子）之间将产生较强的相互作用，包括吸引力和结合力，这种相互作用力称为结合力，也叫作结合键。材料的很多性能在很大程度上取决于这种结合键。结合键使固体具有强度以及相应的电学和热学性能。

结合键可分为化学键和物理键两大类。化学键结合力较强，又称主价键或一次键，包括金属键、离子键和共价键；物理键结合力较弱，又称次价键和二次键，包括分子键和氢键。

1. 金属键

绝大多数金属均以金属键方式结合，它的基本特点是电子的"共有化"。金属原子的外层电子少，容易失去。当金属原子相互靠近时，这些外层电子就脱离原子，成为自由电子，为整个金属所共有，自由电子在金属内部运动，形成电子气。这种由金属中的自由电子与金属正离子相互作用所构成的键合称为金属键，如图3-3所示。

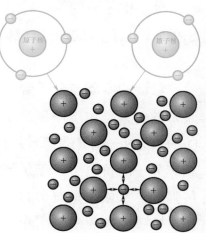

扫一扫

结合键类型

扫一扫

金属材料的
结合键

金属键既无饱和性又无方向性。当金属发生弯曲等变形时，正离子之间改变相对位置并不会破坏电子与正离子间的结合力，因而金属具有良好的塑性。由于金属键中自由电子的存在，金属一般都具有良好的导电性和导热性，并具有金属光泽。

图 3-3 金属键的原子结合方式

2. 离子键

大部分盐类、碱类和金属氧化物主要以离子键的方式结合。这种结合方式的实质是金属原子将自己最外层的价电子给予非金属原子，使自己成为带正电的正离子，而非金属原子得到价电子后成为带负电的负离子。这样，正、负离子由于静电引力相互吸引，当它们充分接触时会产生排斥，引力和斥力相等时即形成稳定的离子键，如图3-4所示。

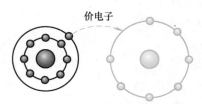

价电子

图 3-4 离子键的原子结合方式

一般离子晶体中正、负离子之间的静电引力较强，结合力大。因此，其熔点和硬度均较高、强度大、热膨胀系数小，但脆性大。另外，离子键中很难产生自由运动的电子，难以输送电荷，因此离子晶体都是良好的绝缘体。

3. 共价键

共价键是由两个或多个电负性相差不大的原子通过共用电子对而形成的化学键，相邻原子间共用价电子形成满壳层的方式来达到稳定的电子结构，如图3-5所示。

通常两个相邻原子只能共用一对电子。一个原子的共价键数，即与它共价结合的原子数，最多只能等于 $8-N$（N 表示这个原子最外层的电子数），所以共价键具有明显的饱和性。另外，共价晶体中各个键之间都有确定的方位，最邻近原子数比较少。

共价键的结合力很大，所以共价晶体具有结构稳定、强度高、硬度大、脆性大、熔点高等特点。由于束缚在相邻原子间的共用电子对不能自由地运动，因此共价结合形成的材料一般是绝缘体，其导电能力一般较差，导电性取决于共价键的强弱，如 Si 是半导体、金刚石是绝缘体。

4. 分子键

有些物质（如塑料、陶瓷等）的分子或原子团往往具有极性，即分子中的一部分带正电荷，而另一部分带负电荷。一个分子带正电的部位，同另一分子带负电的部位之间就存在比较弱的静电吸引力，这种吸引力称为分子间力。这种存在于中性原子或分子之间的结合力称为分子键，如图 3-6 所示。

分子键是最弱的一种结合键，没有方向性和饱和性。分子晶体熔点很低，硬度也很低，是良好的绝缘材料。

5. 氢键

氢键的本质与分子键一样，也是靠原子（或分子、原子团）的静电吸引力结合起来的，只是氢键中氢原子起了关键作用。氢原子很特殊，只有一个电子，C—H、O—H 或 N—H 键端部暴露的质子是没有电子屏蔽的，所以，这个正电荷可以吸引相邻分子的价电子，于是形成了一种库仑型的键，称为氢键。氢键是所有分子键中最强的。水或冰是典型的氢键结合，它们的分子 H_2O 具有稳定的电子结构，但一个 H_2O 分子中氢质子吸引相邻分子中氧的孤对电子，如图 3-7 所示。氢键使水成为所有低相对分子质量物质中沸点最高的物质。

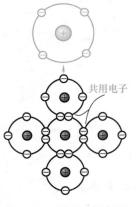

图 3-5　共价键的原子结合方式

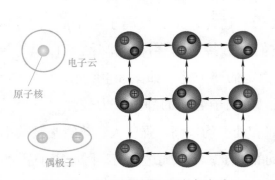

图 3-6　分子键的原子结合方式

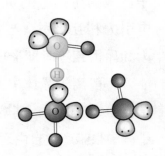

图 3-7　H_2O 分子中的氢键

氢键具有饱和性和方向性，可以存在于分子内或分子间。氢键在高分子材料中特别重要，纤维素、尼龙和蛋白质等分子中有很强的氢键，并显示出非常特殊的结晶结构和性能。

各种结合键的比较见表 3-1。

表 3-1 各种结合键的比较

结合键类型	实 例	结合能 / (eV/mol)	主 要 特 征
离子键	LiCl、NaCl、KCl、RbCl	8.63、7.94、7.20、6.90	离子晶体强度高、硬度高，脆，热膨胀系数小，高配位数，低温时不导电（良好的绝缘体），高温时离子导电
共价键	金刚石、Si、SiC、Sn	1.37、1.68、3.87、3.11	共价晶体强度高、硬度高，脆，熔点高，具有饱和性、方向性，低配位数，纯金属低温时导电率很小
金属键	Li、Na、K、Ru	1.63、1.11、0.931、0.852	无方向性，高配位数，密度大，导电性好，塑性好，导热性好
氢键	H_2O、HF	0.52、0.30	结合力比离子键、共价键小，易变形、熔点低、硬度低
分子键	Ne、Ar	0.020、0.078	熔点低，压缩系数大，保留分子性质，结合力小，易变形，熔点低，硬度低

四、材料的键性

原子间结合键的种类不同，其结合力的强弱差异较大。即使同一性质的结合键也存在强弱之别，如一些以弱共价键结合的固体也会具有一定的导电性。

实际上，大多数材料往往是由几种键混合结合而成的，以其中一种结合键为主，如果以离子键、共价键、金属键和分子键为顶点做一个四面体，就可把材料的结合键范围示意在四面体上，如图 3-8 所示。

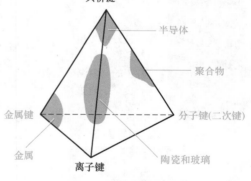

图 3-8 材料的键性

1. 金属材料

金属材料的结合键主要是金属键。由于自由电子的存在，当金属受到外加电场作用时，其内部的自由电子将沿电场方向做定向运动，形成电子流，所以金属具有良好的导电性。金属除依靠正离子的振动传递热能外，自由电子的运动也能传递热能，所以金属的导热性好。随着金属温度的升高，正离子的热振动加剧，使自由电子的定向运动阻力增加，电阻值增大，所以金属具有正的电阻温度系数。当金属的两部分发生相对位移时，金属的正离子仍然保持金属键，所以具有良好的变形能力。自由电子可以吸收光的能量，因而金属不透明，而所吸收的能量在电子恢复到原来状态时产生辐射，使金属具有光泽。

金属中也有共价键（如灰锡等）和离子键（如金属间化合物 Mg_3Sb_2 等）。

2. 陶瓷材料

陶瓷材料是包含金属和非金属元素的化合物，其结合键主要是离子键和共价键，大多数是离子键。离子键赋予陶瓷材料相当高的稳定性，所以陶瓷材料通常具有极高的熔点和硬度，但同时其脆性也很大。

3. 高分子材料

高分子材料的结合键是共价键、氢键和分子键。其中，组成分子的结合键是共价键和氢键，而分子间的结合键是分子键。尽管分子键较弱，但由于高分子材料的分子很大，所以分子间的作用力也相应较大，这使得高分子材料具有很好的力学性能。

4. 复合材料

复合材料是由两种或两种以上材料结合在一起得到的材料，可以有三种或三种以上的键结合，具体取决于组成物的结合键类型。对非均质多相复合材料，一般具有比强度和比模量高、疲劳强度良好、高温性能优良、减振性好、破断安全性好等特点。

不同材料的结合键与性能比较见表 3-2。

表 3-2　不同材料的结合键与性能比较

材料种类	金属材料	陶瓷材料	高分子材料	复合材料
结合键	以金属键为主，也有共价键和离子键	包含金属和非金属元素的化合物，结合键主要包括离子键和共价键，大多数是离子键	含有共价键、氢键和分子键	由两种或两种以上材料结合在一起，可包括三种或三种以上结合键，主要取决于组成物本身的结合键类型
主要性能	①良好的导电性 ②良好的导热性 ③正的电阻温度系数 ④良好的延展性 ⑤金属光泽	①稳定性好 ②熔点高 ③硬度高 ④脆性大	①密度小 ②比强度高 ③耐磨性、耐蚀性 ④易老化 ⑤刚度小	①比强度、比模量高 ②疲劳强度良好 ③高温性能好 ④减振性好

五、晶体与非晶体

在研究了结合键之后，下一步的任务就是从原子或分子的排列方式上考虑材料的结构。当原子或分子通过结合键结合在一起时，依结合键的不同以及原子或分子的大小，可以在空间组成不同的排列，即形成不同的结构。固态物质按其原子（或分子）的聚集状态可分为两大类：晶体与非晶体。一般而言，固态时原子或分子在空间呈规则周期性有序排列的物质称为晶体，反之则称为非晶体，如图 3-9 所示。

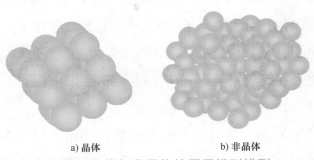

a) 晶体　　　　　　　b) 非晶体
图 3-9　晶体与非晶体的原子排列模型

1. 晶体

晶体是指原子、分子或离子在空间按一定规律周期性排列构成的固体。自然界中绝大多数固体都是晶体。天然晶体一般具有规则的几何外形，如天然金刚石、结晶盐、水晶等。由于晶体中原子的排列是有序的，故称为长程有序。

晶体有单晶体和多晶体之分。由一个核心（称为晶核）生长而成的晶体称为单晶体，一些天然晶体如金刚石、水晶等都是单晶体。金属及陶瓷等很大一部分材料，在固态时通常都是晶体，但是这些材料通常是由许多不同位相的小晶体所组成，称为多晶体。这些小晶体往往呈颗粒状，没有规则的外形，故称为晶粒。

晶体的特点与性质如下：

1）自范性。晶体能自发地呈现多面体外形的性质。晶体中粒子在微观空间里呈现周期性有序排列的宏观表现。

2）各向异性。全部或部分化学、物理等性质随着方向的改变而有所变化，在不同方向上呈现出差异的性质。

3）具有固定的熔点。

晶体分为离子型晶体、原子型晶体、分子型晶体和金属型晶体。各种晶体具有不同的化学键类型、脆硬性、熔点和沸点、导热性、导电性和可加工性，具体见表3-3。

表3-3 各种类型晶体的性能比较

结构与性质	离子型晶体	原子型晶体	分子型晶体	金属型晶体
化学键类型	离子键	非极性共价键	分子间力	金属键
典型实例	NaCl、CsCl	金刚石、晶体硅、单质硼	冰（H_2O）、干冰（CO_2）	各种金属与合金
硬度	硬而脆	高硬度	低硬度	较高硬度
熔点、沸点、挥发性	熔点相对较高，沸点高，低挥发性	熔点和沸点高，无挥发性	熔点和沸点低，高挥发性	一般为高熔点和沸点
导热性	不良导体	不良导体	不良导体	良导体
导电性	固态时为不良导体，熔融或液态时为导体	非导体	非导体	良导体
可加工性	不良	不良	不良	不良

晶体形成的途径：①熔融态物质凝固，如从熔融态结晶出来的硫晶体；②气态物质冷却时不经液态直接凝固（凝华），如凝华得到的碘；③溶质从溶液中析出，如从硫酸铜饱和溶液中析出的硫酸铜晶体。

2. 非晶体

非晶体中的原子虽处于紧密聚集的状态，但原子的排列是无序的，或仅局部区域为短程规则排列。这一点与液体的结构很相似，所以非晶体往往被称为过冷液体，只是其物理性质不同于通常的液体而已。玻璃就是一个典型的例子，故非晶体又称为玻璃体。虽然非晶体在整体上是无序的，但在很小的范围内还是有一定的规律性，所以在结构上称为短程有序。

非晶体材料的特点：①结构无序；②物理性质表现为各向同性（或等向性）；③没有固定的熔点，存在一个软化温度范围；④热导率和热膨胀性小；⑤塑性变形大；⑥组分的变化范围大。

3. 晶体和非晶体的转化

非晶体结构是短程有序，即在很小的尺寸范围内存在有序性，而晶体内部有缺陷，在很小的尺寸范围内存在无序性，所以两者之间也有共同特点。而物质在不同条件下，既可形成晶体结构，也可形成非晶体结构。

非晶体在一定条件下可转化为晶体，例如，玻璃经高温长时间加热后能形成晶态玻璃；而通常呈晶体的物质，如果将它从液态快速冷却或采用一些特殊的制备方法，也可以得到非晶体。不少陶瓷和高分子材料常是晶体与非晶体的混合物，两者的比例取决于材料的组成及成型工艺。

六、金属的晶体结构

金属材料是指以金属键来表征其特性的材料，包括金属及合金。金属在固态下绝大部分都是晶体，所以要研究金属及合金的结构就必须首先研究晶体结构。晶体结构是指晶体中原子（或离子、分子）在三维空间的具体排列方式，通常简化为钢球模型和球棍模型，如图 3-10 所示。材料的性质通常都与其晶体结构有关，因此研究和控制材料的晶体结构，对制造、使用和发展材料均具有重要的意义。

扫一扫

金属的晶体结构

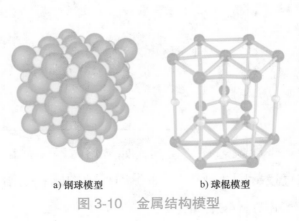

a) 钢球模型　　　　　b) 球棍模型

图 3-10　金属结构模型

1. 晶体相关概念

晶体结构是指晶体内部原子规则排列的方式。晶体结构不同，其性能往往相差很大。为了便于分析研究各种晶体中原子或分子的排列情况，通常把原子抽象为几何点，并用许多假想的直线将其连接起来，这样得到的三维空间几何格架称为晶格，如图 3-11b 所示；晶格中各连线的交点称为结点；组成晶格的最小几何单元称为晶胞，晶胞各边的尺寸 a、b、c 称为晶格常数，其大小通常以 nm 为计量单位（$1nm=10^{-9}m$），晶胞各边之间的夹角分别用 α、β、γ 表示，如图 3-11d 所示。图 3-11c 所示的晶胞为简单立方晶胞，其晶格常数 $a=b=c$，$\alpha=\beta=\gamma=90°$。由于晶体中原子的重复排列具有规律性，因此，晶胞可以表示晶格中原子排列的特征。在研究晶体结构时，通常以晶胞为代表进行研究。

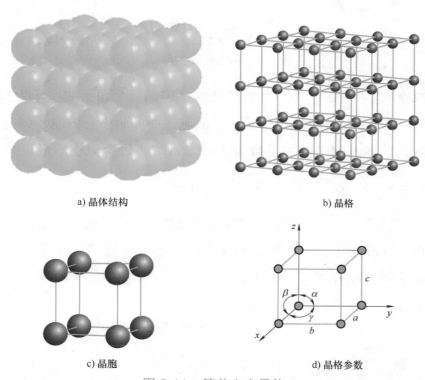

a) 晶体结构　　　　　　　　　　b) 晶格

c) 晶胞　　　　　　　　　　d) 晶格参数

图 3-11　简单立方晶体

为了描述晶格中原子排列的紧密程度，通常采用配位数和致密度（K）来表示。配位数是指晶格中与任一原子处于相等距离并相距最近的原子数目；致密度是指晶胞中原子本身所占的体积分数，即晶胞中所包含原子的体积与晶胞体积（V）的比值。

2. 常见纯金属的晶格类型

金属晶体中的结合键是金属键，由于金属键没有方向性和饱和性，使大多数金属晶体都具有排列紧密、对称性高的简单晶体结构。最常见的典型金属通常具有体心立方（bcc）、面心立方（fcc）和密排六方（hcp）三种晶格类型。

（1）体心立方晶格　体心立方晶格的晶胞如图 3-12 所示，晶胞呈立方体，其晶格常数 $a=b=c$，所以只用一个常数 a 即可表示；其 $\alpha=\beta=\gamma=90°$。在体心立方晶胞中，原子位于立方体的 8 个顶角和中心。属于这类晶格的金属有 α-Fe、Cr、V、W、

扫一扫

纯金属的晶体结构

Mo、Nb、β-Ti 等。

从图 3-12a 中可以看出，在体心立方晶格的晶胞中，原子沿对角线紧密地接触，所以可求出原子半径 $r=\frac{\sqrt{3}}{4}a$。

 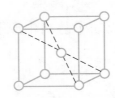 

a) 模型　　　　　　　　　b) 晶胞　　　　　　　　　c) 晶胞原子数

图 3-12　体心立方晶格的晶胞

从图 3-12c 中也可看出，体心立方晶格的晶胞的每个角上的原子为与其相邻的 8 个晶胞所共有，故只有 1/8 个原子属于这个晶胞，而晶胞中心的原子则完全属于这个晶胞，所以体心立方晶胞中的原子数为 8×1/8+1=2。每个原子的最近邻原子数为 8，所以其配位数为 8。致密度为 $K=\dfrac{2\pi r^3 \times 4/3}{a^3}=0.68$。

（2）面心立方晶格　面心立方晶格的晶胞如图 3-13 所示，它的形状也是一个立方体。在面心立方晶胞中，每个角及每个面的中心各分布着一个原子，在各个面的对角线上各原子彼此相互接触，紧密排列。属于这类晶格的金属有 γ-Fe、Al、Cu、Ni、Au、Ag、Pt、β-Co 等。

 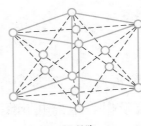 

a) 模型　　　　　　　　　b) 晶胞　　　　　　　　　c) 晶胞原子数

图 3-13　面心立方晶格的晶胞

从图中可算出面心立方晶体的原子半径 $r=\frac{\sqrt{2}}{4}=a$。每个面心位置的原子同时属于两个晶胞，故每个面心晶胞中所包含的原子数为 8×1/8+6×1/2=4，配位数为 12，致密度为 0.74，表明在面心立方晶格的金属中，有 74% 的体积被原子所占据，其余 26% 的体积为空隙。

（3）密排六方晶格　密排六方晶格的晶胞如图 3-14 所示。它是一个正六面柱体，在晶胞的 12 个角上各有一个原子，上底面和下底面的中心各有一个原子，上、下底面之间有三个原子。属于这类晶格的金属有 Mg、Zn、Be、Cd、α-Co、α-Ti 等。

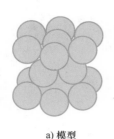 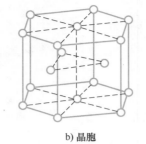 

a) 模型　　　　　　　　　b) 晶胞　　　　　　　　　c) 晶胞原子数

图 3-14　密排六方晶格的晶胞

晶格常数用正六边形底面的边长 a 和晶胞的高度 c 来表示，两者的比值 $c/a \approx 1.63$，原子半径 $r=1/2a$。晶胞每个角上的原子为相邻的 6 个晶胞所共有，上、下底面中心的原子为 2 个晶胞所共有，晶胞内部的 3 个原子为该晶胞独有，所以密排六方晶胞中的原子数为 $12 \times 1/6+2 \times 1/2+3=6$，配位数为 12，致密度为 0.74。

3. 实际金属的晶体结构

前面介绍的各种晶体结构是理想晶体结构，但在实际应用的金属材料中，原子的排列不可能这样规则和完整，总是不可避免地存在一些原子偏离规则排列的不完整性区域，这就是晶体缺陷。一般说来，金属中这些偏离其规定位置的原子数很少，即使在最严重的情况下，金属晶体中位置偏离很大的原子数目最多占原子总数的千分之一。因此，从总体来看，其结构还是接近完整的。尽管如此，这些晶体缺陷的产生和发展、运动与交互作用，以至于合并和消失，在晶体的强度和塑性、扩散以及其他的结构敏感性问题中扮演了重要的角色，晶体的完整部分反而默默无闻地处于背景的地位。由此可见，研究晶体缺陷具有重要的实际意义。

（1）单晶体与多晶体　如果一块晶体材料的晶格方位完全一致，则称其为单晶体，如图 3-15a 所示。由于原子排列具有规律性，在不同晶面、不同晶相上会造成原子排列的密度不同。由于不同晶面和不同晶向原子密度不同，所以单晶体的力学性能具有各向异性，即不同方向上表现出不同的性能。

通常使用的金属都是由很多小晶体组成的，这些小晶体内部的晶格位向是均匀一致的，而它们之间的晶格位向却彼此不同，这些外形不规则的颗粒状小晶体称为晶粒。每个晶粒相当于一个单晶体。晶粒与晶粒之间的界面称为晶界。这种由许多晶粒组成的晶体称为多晶体，如图 3-15b 所示。

多晶体的性能在各个方向上基本一致，这是由于在多晶体中，虽然每个晶粒都是各向异性的，但它们的晶格位向彼此不同，晶体的性能在各个方向相互补充和抵消，再加上晶界的作用，因而表现出各向同性。

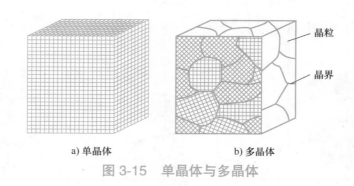

a) 单晶体　　　　b) 多晶体

图 3-15　单晶体与多晶体

晶粒的尺寸很小，如钢铁材料的晶粒尺寸一般为 $10^{-3} \sim 10^{-1}$ mm，必须在显微镜下才能看见。在显微镜下观察到的金属中晶粒的种类、大小、形态和分布称为微观组织，简称组织。金属的组织对其力学性能有很大的影响。

（2）晶体缺陷　晶体缺陷是指实际晶体与理想的点阵结构发生偏离的区域。由于点阵结构具有周期性和对称性，所以凡使晶体中周期性势场发生畸变的因素均称为缺陷。使晶体中电子周期性势场发生畸变的称为电缺陷；使原子排列发生周期性畸变的称为几何缺陷。传导电子、空穴、极化子、陷阱等为电缺陷；杂质、空位、位错等为几何缺陷。几何缺陷又称为原子缺陷，实际上原子缺陷与电子缺陷有一定的联系，特别是在离子晶体等极性晶体中，正离子空位带负电，不同价的杂质（点缺陷）也带电。下面主要介绍原子缺陷。

根据原子缺陷的几何特征，可将它们分为四类：

1）点缺陷。点缺陷又称零维缺陷，是一种在三维空间各个方向上尺寸都很小、尺寸范围约为一个或几个原子间距的缺陷，包括空位、间隙原子、置换原子等。晶格上没有原子的结点称为空位，在晶格结点以外位置上的原子称为间隙原子，占据正常结点的异类原子称为置换原子。三种点缺陷的形态如图 3-16 所示。

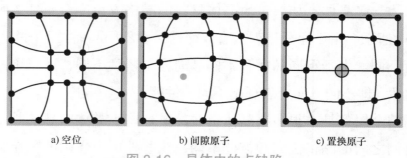

a) 空位　　　　b) 间隙原子　　　　c) 置换原子

图 3-16　晶体中的点缺陷

由图 3-16 可知，在点缺陷附近，由于原子间作用力的平衡被破坏，使晶格局部发生扭曲，这种变化称为晶格畸变。点缺陷的存在，提高了材料的强度和硬度，降低了材料的塑性和韧性。

在一定温度下，点缺陷数目（浓度）一定，并处于不断的运动过程中，是一种动态平衡；晶格上的原子由于热运动而跳入空位中，形成另一个空位，原来的空位消失，这一过程可以看作空位的移动，即空位迁移；间隙原子可从一个位置移动到另一个位置，形成间隙原子迁移。点缺陷发生复合，如间隙原子落入空位，使两者都消失，由于要求一定温度下的点缺陷保持一定平衡浓度，因此，又会产生新的间隙原子、空位。

点缺陷的运动是晶体中原子扩散的主要原因，是许多材料加工工艺的基础。点缺陷会引起材料的物理性能和力学性能的变化，如电阻增大、强度提高。

2）线缺陷。线缺陷是指在三维空间中，两维方向上的尺寸较小，而另一维方向上的尺寸相对较大的缺陷，所以又称为一维缺陷。

早在 20 世纪 20 年代中期，人们就发现金属的实际强度比理论值低几个数量级，金属的塑性变形处存在晶面间的滑移，这意味着金属中存在某种线性缺陷。1934 年，泰勒就已提出位错的概念，但直到 1956 年，赫希等人在透射电镜下观察到位错及其运动并拍摄成电影，位错的概念才逐渐被人们所认可。晶体中最普通的线缺陷就是位错。

位错是晶格中的某处有一列或若干列原子发生了某些有规律的错排现象，这种错排现象是由晶体内部局部滑移造成的。根据局部滑移的方式不同，可以形成不同类型的位错，最简单、最基本的类型有刃型位错和螺型位错，它们可以组合构成混合位错。

① 刃型位错。当一个完整晶体某晶面以上的某处多出半个原子面时，该晶面像切削刃一样切入晶体，这个多余原子面的边缘就是刃型位错，如图 3-17 所示。

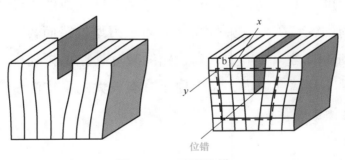

图 3-17　刃型位错

若额外半个原子面位于晶体的上半部，则此处的位错线称为正刃型位错（⊥）；反之，则称为负刃型位错（⊤），两者没有本质区别，如图 3-18 所示。刃型位错线可以理解为已滑移区和未滑移区的分界线，它不一定是直线，如图 3-19a 所示。滑移面是同时包括位错线和滑移方向的平面，刃型位错的位错线和位错移动方向互相垂直，一个刃型位错所构成的滑移平面只有一个，如图 3-19b 所示。

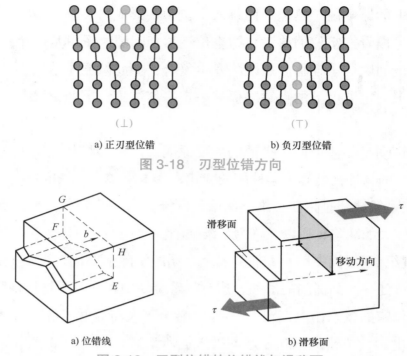

a) 正刃型位错　　　　　　　　b) 负刃型位错

图 3-18　刃型位错方向

a) 位错线　　　　　　　　b) 滑移面

图 3-19　刃型位错的位错线与滑移面

在实际晶体中经常含有大量位错，通常把单位体积中所包含的位错线的总长度称为位错密度。一般退火态金属的位错密度为 $10^5 \sim 10^8 \text{cm/cm}^3$，冷变形后的金属可达 10^{12}cm/cm^3。

位错的存在，对金属材料的力学性能、扩散及相变等过程有着重要的影响。位错运动是引起塑性变形的主要原因，所以，阻碍位错运动将提高金属的强度。工业纯铁中含有位错，容易发生塑性变形，所以强度很低。如果采用冷塑性变形等方法使金属中的位错密度大大提高，阻碍位错的运动，则金属的强度将随之提高。位错的存在使得位错周围的点阵发生弹性畸变。对正刃型位错而言，位错线上、下部临近范围内原子受到压应力、拉应力，离位错线较远处原子排列恢复正常，如图 3-20 所示。在位错线周围的畸变区内，每个原子具有较大的平均能量。这个区域只有几个原子间距宽，是狭长的管道。

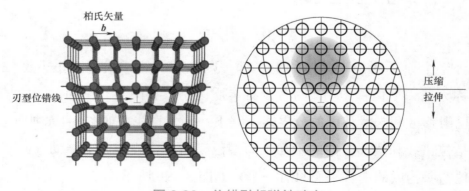

图 3-20　位错引起弹性畸变

② 螺型位错。螺型位错是指位错附近的原子按螺旋形排列的位错，如图 3-21 所示。螺型位错无额外半原子面，原子错排呈轴对称，它是已滑移区和未滑移区的分界线，因为位错线与位错移动方向平行，所以一定是直线；位错线的移动方向与晶体滑移方向相垂直，如图 3-22 所示。螺型位错周围的点阵发生弹性畸变，只有切应变，没有正应变；弹性畸变区是一个只有几个原子间距宽的狭长管道。

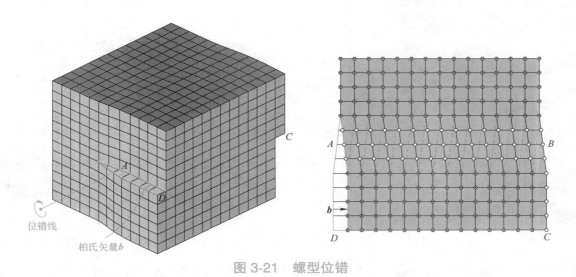

图 3-21　螺型位错

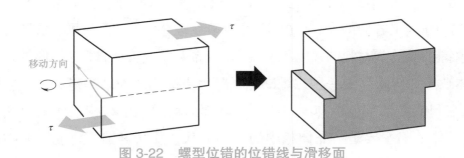

图 3-22　螺型位错的位错线与滑移面

③ 混合位错。刃型位错和螺型位错的混合形式称为混合位错，如图 3-23 所示。

3）面缺陷。实际材料几乎都是多晶体，即由许多晶粒构成。由于各晶粒的位向不同，晶粒之间存在晶界。晶体结构相同但位向不同的晶粒之间的界面称为晶粒间界，简称晶界；相邻亚晶粒之间的界面称为亚晶界，如图 3-24 所示。由于晶界原子需要同时适应相邻两个晶粒的位向，就必须从一种晶粒位向逐步过渡到另一晶粒位向，成为不同晶粒之间的过渡层，因而晶界上的原子多处于无规则状态或两种晶粒位向的折中位置上，如图 3-25 所示。由于受到两侧不同晶格位向的晶粒或亚晶粒的影响而使

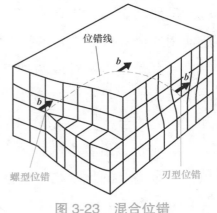

图 3-23　混合位错

原子呈不规则排列，产生面缺陷。

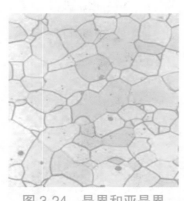

图 3-24　晶界和亚晶界

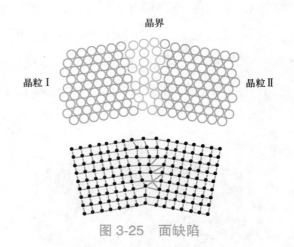

图 3-25　面缺陷

晶体的面缺陷包括外界面和内界面两类。外界面包括表面或自由界面；内界面包括晶界、亚晶界、孪晶界、相界和堆垛层错等，其中晶界和亚晶界对金属性能影响较大。

晶界存在一些重要特性：①常温下具有阻碍晶体相对滑动的作用，从而使晶粒小、晶界多的材料表现出高的硬度和强度；②由于原子排列紊乱，晶界处有较多的缺陷，如空穴、位错等，原子处于较高的能量状态，故在高温作用下，晶界最容易引起新的变化，这里的原子也最容易扩散；而在常温下遇到腐蚀介质时，晶界最容易受到腐蚀。

面缺陷能提高金属材料的强度和塑性。细化晶粒是改善金属力学性能的有效手段。

4）体缺陷。体缺陷是一种三维缺陷，是由点缺陷或面缺陷造成在完整的晶格中可能存在空洞或夹杂有包裹物等，使晶体内部的空间晶格结构整体上出现了一定形式的缺陷。体缺陷主要是指晶体相中的一些粒状、片状、偏析物或沉淀物，如合金钢中析出的第二相、铝合金中析出的强化相等。

七、合金的相结构

虽然纯金属在工业中有着重要的用途，但由于其强度低等原因，目前工业上广泛使用的金属材料绝大多数是合金。

合金是指由两种或两种以上的金属，或金属与非金属，经熔炼、烧结或其他方法组合而成并具有金属特性的物质。例如，应用最普遍的碳钢和铸铁就是主要由铁和碳组成的合金，黄铜是由铜和锌组成的合金，焊锡是由锡和铅组成的合金等。

组成合金最基本的、独立的物质称为组元。一般，组元就是组成合金的元素，也可以是稳定的化合物。根据合金组元个数不同，把由两个组元组成的合金称为二元合金，由三个或三个以上组元组成的合金称为多元合金。

当不同的组元经熔炼或烧结组成合金时，这些组元间由于物理的或化学的相互作用，将形成具有一定晶体结构和一定成分的相。相是指合金中结构相同、成分和性能均一并以界面相互分开的组成部分。由一种固相组成的合金称为单相合金，由几种不同相组成的合金称为多相合金。尽管合金中的组成相多种多样，但根据合金组成元素及其原子相互作用的不同，固态下所形成的合金相基本上可分为固溶体和金属化合物两大类。

1. 固溶体

以合金中某一组元为溶剂、其他组元为溶质所形成的，与溶剂有相同晶体结构，晶格常数稍有变化的固相称为固溶体。几乎所有的金属都能在固态下或多或少地溶解其他元素成为固溶体。固溶体一般用 α、β、γ 等表示。

扫一扫

合金的相
结构——
固溶体

固溶体中含量较多的组元称为溶剂，含量较少的组元称为溶质；固溶体的晶格类型与溶剂组元的晶格类型相同。固溶体晶体结构的最大特点是保持着原溶剂的晶体结构。根据溶质原子在溶剂晶格中所处的位置，可将固溶体分为置换固溶体和间隙固溶体；按溶质原子与溶剂原子的相对分布，可分为有序固溶体和无序固溶体；按固溶度大小，可分为有限固溶体和无限固溶体。

（1）置换固溶体　所谓置换固溶体，是指溶质原子占据溶剂晶格某些结点位置所形成的固溶体，其结构如图 3-26 所示。金属元素彼此之间的溶剂原子一般都能形成置换固溶体，但溶解度视不同元素而异，有些能无限互溶，有的只能有限互溶。例如，Cu 与 Ni 可无限互溶，Zn 在 Cu 中的最大溶解度为 39%，Pb 几乎不溶解于铜。

溶剂原子
溶质原子

图 3-26　置换固溶体示意图

溶质原子溶入固溶体中的数量称为固溶体的浓度，在一定条件下的极限浓度称为溶解度。如果固溶体的溶解度有一定的限度，则称为有限固溶体，大部分固溶体属于此类；如果溶质能以任意比例溶入溶剂，固溶体的溶解度可达 100%，则称为无限固溶体，其形成主要受元素间原子尺寸、化学亲和力、晶体结构类型等影响。无限固溶体只可能是置换固溶体。

置换固溶体中溶质原子的分布通常是任意的，称为无序固溶体；在一定条件下，原子呈有规则排列，称为有序固溶体。这两者之间可以互相转化，称为有序化转变，这时合金的某些性质将发生巨大的变化。

（2）间隙固溶体　溶质原子进入溶剂晶格的间隙中而形成的固溶体称为间隙固溶体，其中的溶质原子不占据晶格的正常位置，如图3-27所示。

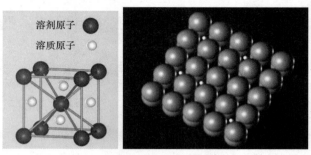

图3-27　间隙固溶体示意图

只有当溶质与溶剂的原子半径之比 $r_{溶质}/r_{溶剂}<0.59$ 时，才有可能形成间隙固溶体，通常溶质元素均是原子半径小于0.1nm的非金属元素，如碳、氮、氢、硼、氧等，溶剂元素则都是过渡族元素。

在间隙固溶体中，由于溶质原子一般都比晶格间隙的尺寸大，所以当它们溶入后，都会引起溶剂晶格畸变，晶格常数变大，畸变能升高。因此，间隙固溶体都是有限固溶体，而且溶解度很小。

固溶体会发生偏聚或有序化，如图3-28所示，固溶体可完全无序、偏聚、部分有序和完全有序，当固溶体发生偏聚或有序化时，材料的强度和硬度增加，而塑性和韧性降低。

（3）固溶体的性能　固溶体合金的强度、硬度高于组成它的纯金属，塑性和韧性则低于组成它的纯金属。

在固溶体中，由于溶质原子的溶入，使固溶体的强度、硬度提高，而塑性、韧性有所下降的现象称为固溶强化，它是金属材料强化的主要手段或途径之一。例如，南京长江大桥采用锰的质量分数为1.30%~1.60%的普通低合金钢Q345，

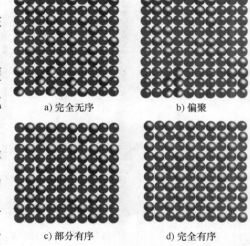

a) 完全无序　　b) 偏聚

c) 部分有序　　d) 完全有序

图3-28　固溶体偏聚或有序化

就是由于锰的固溶强化作用提高了材料的强度，抗拉强度较相同碳含量的普通碳素钢提高了60%，从而大大节约了钢材，减轻了大桥的重量。

溶质原子与溶剂原子的尺寸差别越大，所引起的晶格畸变就越大，对位错运动的阻碍作用也越强，强化效果越好。间隙溶质原子的强化效果一般要比置换溶质原子更

显著，这是因为间隙原子造成的晶格畸变比置换原子大得多。固溶体的塑性和韧性，如伸长率、断面收缩率和冲击吸收能量等，虽比组成它的纯金属的平均值低，但比一般的化合物高得多。因此，各种金属材料总是以固溶体为其基体相。固溶体的综合力学性能比纯金属和金属化合物优越。适当控制溶质含量，不仅能显著提高材料的强度和硬度，而且材料的塑性和韧性不会明显降低。纯金属与合金的性能比较见表3-4。

表 3-4 纯金属与合金的性能比较

材 料 种 类	R_m/MPa	HBW	Z（%）
纯铜	220	44	70
Cu+19%Ni 单相固溶体	390	70	50

溶质原子的溶入还会引起固溶体的某些物理性能发生变化。如随着溶质原子的增多，固溶体的电阻率升高，电阻温度系数下降。工程上一些高电阻材料（如 Fe-Cr-Al 和 Cr-Ni 电阻丝等）多为固溶体合金。

2. 金属化合物

当溶质超过固溶体的固溶度极限时，将形成金属化合物，金属化合物是合金组元间发生相互作用而形成的一种新相，又称为中间相，其晶格类型和性能均不同于任一组元，一般可用分子式大致表示其组成。在该化合物中，除了离子键、共价键外，金属键也参与作用，因而它具有一定的金属性质，所以称之为金属化合物。金属化合物一般有较高的熔点和硬度以及较大的脆性。当合金中出现金属化合物时，可提高合金的强度、硬度、耐磨性及耐热性，但塑性、韧性有所下降。金属化合物具有特殊的物理化学性能，如 GaAs 半导体材料的性能远远超过硅半导体，Nb_3Sn 具有高的超导转变温度，NiAl、Ni_3Al 是超声速飞机喷气发动机的候选材料，NiTi、CuZn 属于记忆合金材料等。

根据金属化合物的形成规律及结构特点，可将其分为三类：正常价化合物、电子化合物和间隙化合物。

（1）正常价化合物 正常价化合物是两组元间电负性差起主要作用而形成的化合物，通常由金属元素与周期表中第Ⅳ、Ⅴ、Ⅵ族元素所组成。这类化合物的成分符合原子价规律，成分固定，可用化学式表示，称为正常价化合物，如 Mg_2Si、Mg_2Sn、Mg_2Pb、MgS、MnS、AiN、SiC 等。其中，Mg_2Si 是铝合金中常见的强化相，MnS 是钢铁材料中常见的夹杂物，SiC 是颗粒增强铝基复合材料中常用的增强粒子。

这类化合物的稳定性与两组元的电负性差值大小有关。电负性差值越大，稳定性越高，越接近于盐类的离子化合物。电负性差值较小的一般具有金属键特征，如 Mg_2Pb；电负性差值较大的一般具有离子键或共价键特征，如具有离子键特征的 Mg_2Si，具有共价键特征的 SiC 和 Mg_2Sn，其中 Mg_2Sn 显示半导体性质；电负性差值更

扫一扫

合金的相结构——金属化合物

大的具有离子键特征，如 MgS。此类化合物通常具有较高的硬度和脆性。

（2）电子化合物　电子化合物是由第 I 族或过渡金属元素与第 II ~V 族金属元素形成的金属化合物，它不遵守原子价规律，而服从电子浓度规律。电子浓度用化合物中价电子数目与原子数目的比值（e/a）来表示。电子化合物的结构取决于电子浓度，电子浓度不同，所形成化合物的晶格类型也不同。例如，当电子浓度为 3/2（21/14）时，晶体结构为体心立方晶格，称为 β 相；当电子浓度为 21/13 时，晶体结构为复杂立方晶格，称为 γ 相；当电子浓度为 7/4（21/12）时，晶体结构为密排六方晶格，称为 ε 相。

（3）间隙化合物　间隙化合物是由过渡族金属元素与碳、氮、氢、硼等原子半径较小的非金属元素形成的金属化合物。根据组成元素原子半径的比值及结构特征的不同，可将间隙化合物分为两类：间隙相和具有复杂结构的间隙化合物。

1）间隙相。当非金属原子半径与金属原子半径的比值小于 0.59 时，形成具有简单晶格的间隙化合物，称为简单间隙化合物（又称间隙相），如图 3-29 所示。在间隙相中，金属原子总是排成面心立方或密排六方点阵，少数情况下也可排列为体心立方和简单六方点阵，非金属原子则填充

钒原子
·　碳原子

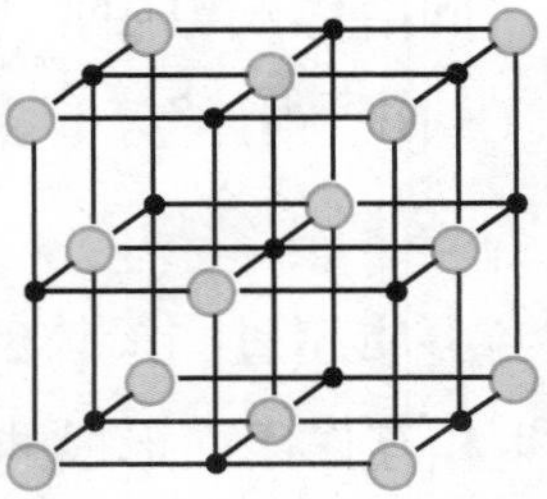

图 3-29　间隙相（VC）的结构

在间隙位置。间隙相可用简单化学分子式表示，并且一定化学分子式对应一定晶体结构，见表 3-5。

表 3-5　间隙相举例

间隙相的化学分子式	间隙相举例	金属原子排列类型
M_4X	Fe_4N、Mn_4N	面心立方
M_2X	Ti_2H、Zr_2H、Fe_2N、Cr_2N、V_2N、W_2N、Mo_2C、V_2C	密排六方
MX	TaC、TiC、CrC、VC、ZrN、VN、TIN、CrN、ZrH、TiH	面心立方
	TaH、NbH	体心立方
	WC、MoN	简单立方
MX_2	TiH_2、ThH_2、ZnH_2	面心立方

间隙相具有极高的熔点和硬度（见表 3-6），而且性能十分稳定。多数间隙相具有明显的金属特性，是高合金工具钢的重要组成相，也是硬质合金和高温金属陶瓷材料的重要组成相。

表 3-6　一些间隙相的熔点和硬度

相的名称	W_2C	WC	VC	TiC	Mo_2C	ZrC
熔点 /℃	3130	2867	3032	3410	2960 ± 50	3805
硬度　HV	3000	1730	2010	2850	1480	2840

2）具有复杂结构的间隙化合物。当非金属原子半径与金属原子半径的比值大于 0.59 时，形成具有复杂结构的间隙化合物，如图 3-30 所示。通常过渡族金属元素 Cr、Mn、Fe、Co、Ni 与 C 元素所形成的碳化物都是具有复杂结构的间隙化合物。合金钢中常见的这类间隙化合物有 M_3C 型（如 Fe_3C、Mn_3C）、M_2C_3 型（如 Cr_2C_3）、$M_{23}C_6$（如 $Cr_{23}C_6$）和 M_6C 型（如 Fe_3W_3C、Fe_4W_2C）等，式中 M 可表示一种金属元素，也可以表示有几种金属元素固溶在内。Fe_3C 是钢铁材料中的一种基本组成相，称为渗碳体，具有复杂的斜方晶格，其

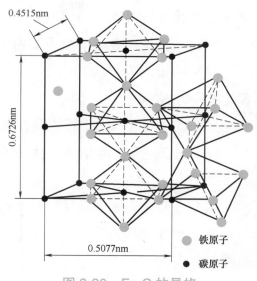

图 3-30 Fe_3C 的晶格

0.4515nm
0.6726nm
0.5077nm
铁原子
碳原子

中 Fe 原子可被 Mn、Cr、Mo、W 等原子所置换，形成以复杂间隙化合物为基体的固溶体，如（Fe、Mn）$_3C$、（Fe、Cr）$_3C$ 等，称为合金渗碳体。渗碳体的硬度为 950~1050HV。

复杂间隙化合物中原子间结合键为共价键和金属键，其熔点和硬度（见表 3-7）均较高，但不如间隙相，加热时也易于分解。这类化合物是碳钢和合金钢中重要的组成相。

表 3-7 一些复杂间隙化合物的熔点和硬度

相的名称	Fe_3C	Cr_3C_2	Cr_7C_3	$Cr_{23}C_6$	Fe_3Mo_3C	Fe_4Mo_2C
熔点 /℃	1650	1890	1665	1550	1400	1400
硬度 HV	1340	1300	1450	1060	1350	1070

 任务实施

一、观看微课：材料的结合方式分析；纯金属的晶体结构

记录什么是原子结合键，原子结合键包括哪些类型，典型材料的原子结合键分别是什么，纯金属的典型结构有哪些，都有哪些晶体缺陷。

纯金属的晶体结构

材料的结合方式分析

二、完成课前测试

1. 判断题

（1）离子键和氢键具有方向性，共价键没有方向性。　　　　　　（　　）

（2）晶体具有固定的熔点。 （   ）

（3）晶胞是代表晶格原子排列规律的最小单元。 （   ）

（4）密排六方结构和面心立方结构的晶体具有相同的原子排列致密度，因此两者的堆垛方式相同。 （   ）

（5）Cu 金属和 NaCl 晶体都表现为面心立方结构。 （   ）

（6）相对于金属晶体，大部分离子晶体的硬度更高，且是良好的绝缘体。 （   ）

（7）金属化合物的晶体结构和性能均不同于任一组元。 （   ）

（8）当非金属原子半径与金属原子半径之比大于 0.59 时，形成具有复杂结构的间隙化合物。 （   ）

（9）当溶质超过固溶体的固溶度极限时才形成金属化合物。 （   ）

2. 选择题

（1）下列属于一次键的是（   ）。

A. 金属键　　　　　　B. 离子键　　　　　　C. 共价键　　　　　　D. 氢键

（2）陶瓷材料的键接方式为（   ）。

A. 共价键

B. 离子键或共价键

C. 离子键

D. 离子键、共价键或兼有离子键和共价键

（3）晶体缺陷包括（   ）。

A. 点缺陷　　　　　　B. 线缺陷　　　　　　C. 面缺陷　　　　　　D. 体缺陷

（4）下列具有密排六方结构的金属有（   ）。

A. Mg　　　　　　　B. Fe　　　　　　　C. Zn　　　　　　　D. Cd

（5）空位属于以下哪种晶体缺陷（   ）。

A. 面缺陷　　　　　　B. 线缺陷　　　　　　C. 体缺陷　　　　　　D. 点缺陷

（6）点缺陷包括（   ）。

A. 间隙原子　　　　　B. 置换原子　　　　　C. 空位　　　　　　　D. 溶质原子

（7）晶体缺陷包括（   ）。

A. 点缺陷　　　　　　B. 线缺陷　　　　　　C. 面缺陷　　　　　　D. 体缺陷

（8）亚晶界属于以下哪种晶体缺陷（   ）。

A. 点缺陷　　　　　　B. 线缺陷　　　　　　C. 面缺陷　　　　　　D. 体缺陷

（9）固溶体的特点有（   ）。

A. 晶格发生畸变

B. 有序固溶（长程有序）

C. 偏聚与短程有序

D. 保持溶剂的晶格类型

（10）按溶质原子在溶剂晶格中所处位置不同，固溶体可分为（　　）。

A. 间隙固溶体　　　B. 有序固溶体　　　C. 无限固溶体　　　D. 置换固溶体

（11）金属化合物包括（　　）。

A. 正常价化合物　　B. 电子化合物　　C. 间隙化合物　　D. 固溶化合物

3. 填空题

体心立方晶格的原子数是____个，面心立方晶格的原子数是____个，密排六方晶格的原子数是____个。

三、任务准备

实施本任务所使用的设备和材料见表 3-8。

表 3-8　实施本任务所使用的设备和材料

序　号	分　类	名　称	型号规格	数　量	单　位	备　注
1	设备	透射电镜	Tecnai G2 F30	1	台	
2	材料	45 钢样品	标准样品	10	套	

四、以小组为单位完成任务

在教师的指导下，完成相关知识点的学习，并完成任务决策计划单（表 3-9）和任务实施单（表 3-10）。

表 3-9　任务决策计划单

制定工作计划 （小组讨论、咨询教师，将下述内容填写完整）	
晶体结构分析	操作步骤：
	分工情况：
	需要的设备和工具：
	注意事项：

表 3-10 任务实施单

小组名称			任务名称	
成员姓名	实施情况			得分
小 组 成 果（附照片）				

 检查测评

对任务实施情况进行检查，并将结果填入表 3-11 中。

表 3-11 任务测评表

序 号	主要内容	考核要求	评分标准	配 分	扣 分	得 分
1	课前测试	完成课前测试	平台系统自动统计测试分数	20		
2	观看微课	完成视频观看	1）未观看视频扣 20 分 2）观看 10%~50%，扣 15 分 3）观看 50%~80%，扣 5 分 4）观看 80%~99%，扣 3 分	20		
3	任务实施	完成任务实施	1）未参与任务实施，扣 60 分 2）完成一个样品的测试，得 20 分，依次累加，至少测试三组数据	60		
合计						
开始时间：			结束时间：			

思考训练题

一、选择题

1. 下面具有密排六方结构的金属有（   ）。

A. Mg   B. Fe   C. Zn   D. Cd

2. 下列金属具有体心立方结构的有（   ）。

A. Cr   B. α-Fe   C. Ni   D. W

3. 亚晶界属于（   ）。

A. 点缺陷   B. 线缺陷   C. 面缺陷   D. 体缺陷

4. 固溶体的特点有（   ）。

A. 晶格发生畸变   B. 有序固溶（长程有序）

C. 偏聚与短程有序   D. 保持溶剂的晶格类型

5. 按溶质原子在溶剂晶格中所处位置不同，固溶体可分为（　　　）。

A. 间隙固溶体　　　　B. 有序固溶体　　　　C. 无限固溶体　　　　D. 置换固溶体

6. 金属化合物包括（　　　）。

A. 正常价化合物　　　B. 电子化合物　　　　C. 间隙化合物　　　　D. 固溶化合物

二、判断题

1. 密排六方结构和面心立方结构的晶体具有相同的原子排列致密度，因此两者的堆垛方式相同。（　　　）

2. Cu 金属和 NaCl 食盐晶体都表现为面心立方结构。（　　　）

3. 相对于金属晶体，大部分离子晶体的硬度更高，且是良好的绝缘体。（　　　）

4. 金属化合物的晶体结构和性能均不同于任一组元。（　　　）

5. 当非金属原子半径与金属原子半径之比大于 0.59 时，形成具有复杂结构的间隙化合物。（　　　）

6. 当溶质超过固溶体的固溶度极限时才形成金属化合物。（　　　）

三、简答题

1. 什么是材料的结构？材料结构的层次包括哪些？

2. 什么是结合键？结合键有哪些类型？

3. 金属材料、陶瓷材料、高分子材料、复合材料的结合键分别是什么？

4. 什么是晶体？什么是非晶体？

5. 常见纯金属的晶格类型有哪几种？其原子个数、原子半径、配位数、致密度分别是多少？

6. 什么是晶体缺陷？包括哪些类型？

7. 什么是点缺陷？包括哪些类型？

8. 什么是线缺陷？包括哪些类型？

9. 什么是面缺陷？包括哪些类型？

10. 什么是合金？什么是组元？什么是相？

11. 合金的相结构包括哪些？

12. 什么是固溶体？包括哪些类型？各有什么特点？

13. 什么是金属化合物？包括哪些类型？各有什么特点？

任务二　塑料的分子链结构分析

 ## 学习目标

知识目标：1. 说出单体、链节、聚合度的内涵。

　　　　　　2. 列举高分子化合物的种类。

3. 描述高分子化合物的命名。

4. 阐述高分子化合物的化学组成。

5. 记住高分子化合物的几种键接方式和构型。

6. 列举高分子链的三种几何形状。

7. 描述高分子链的构象、柔顺性的内涵。

8. 列举高分子化合物的三种聚集态结构。

能力目标：1. 能区分高分子化合物的构型、构象和聚集态结构。

2. 能分析高分子化合物的构型、构象和聚集态结构对其性能的影响。

素养目标：通过分析材料微观结构对其宏观性能的影响，树立探究物质本质的意识。

 工作任务

高分子材料以其特有的性能，如质量小、耐蚀性好、绝缘性好，和可塑性好、易加工成型、原料丰富、价格低廉的特点被广泛地应用于人们的衣、食、住、行、用方面以及信息、能源、国防和航空航天等各个领域。从 20 世纪初开始，绝缘材料、橡胶制品、合成纤维以及后来发展起来的油漆、胶黏剂等各种合成高分子材料比其他传统材料发展得更快、更迅速。除金属材料外，高分子材料是工业生产中使用的另一大类材料，在材料家族中占据非常重要的地位，其中的典型代表是塑料，其性能、制备及加工方式与金属材料截然不同。那么，高分子材料的微观结构有什么特殊之处？

本任务的内容：使用透射电镜观察塑料的微观结构，说出其原子排列特点，指出其结构单元的键接方式、空间构型及高分子链的构象特点。

 相关知识

一、高分子材料的基本概念

高分子材料是以有机高分子化合物为主要成分，适当加入添加剂的材料，其相对分子质量很大（一般大于 5000），通常每个分子含有几千至几十万个原子。高分子材料包括人工合成的材料（如塑料、合成橡胶及合成纤维等）和天然的材料（如淀粉、羊毛、松香、纤维素、蛋白质、天然橡胶等）两大类，而工程上使用的高分子材料主要是人工合成的材料，如图 3-31 所示。

a) 塑料　　　　　　　　b) 橡胶　　　　　　　　c) 纤维

图 3-31　工程上常用的高分子材料

1. 高分子化合物

高分子化合物是由许多结构相同的简单单元通过共价键重复连接而成的相对分子质量较大的化合物，又称为聚合物或高聚物。低分子化合物的相对分子质量通常在 $10\sim10^3$ 范围内，分子中只含有几个到几十个原子；高分子化合物的相对分子质量一般在 10^4 以上，甚至可以达到几十万或几百万以上，它是由成千上万个原子以共价键相连接的大分子化合物。通常把相对分子质量小于 5000 的称为低分子化合物，大于 5000 的则称为高分子化合物。

高分子化合物具有较好的强度、塑性和弹性等力学性能，而低分子化合物则没有这些性能。所以，只有当相对分子质量达到使其力学性能具有实际意义的化合物时，才可认为是工业用高分子化合物或高分子材料。

2. 单体与链节

（1）单体　用于聚合形成大分子链的简单低分子化合物称为单体，它是人工合成聚合物的起始原料，是化合物独立存在的基本单元，是单个分子存在的稳定状态。例如，一个乙烯分子或一个氯乙烯分子就是组成聚乙烯（PE）或聚氯乙烯（PVC）的单体。烯烃类聚合物的单体是靠碳碳双键结合而成的，如聚乙烯的单体 $CH_2=CH_2$、聚氯乙烯的单体 $CH_2=CHCl$ 等，如图 3-32 所示。

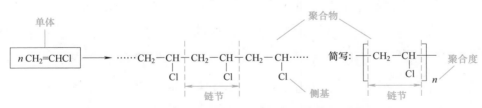

图 3-32　高分子化合物的基本概念示意图

（2）链节　高分子化合物的相对分子质量很大，主要呈长链形，因此常称为大分子链或分子链。大分子链极长，是由许许多多结构相同的基本单元重复连接构成的。组成大分子链的这种特定的重复结构单元称为链节。如图 3-32 所示，聚氯乙烯的链节为—CH_2—$CHCl$—，它是由许多—CH_2—$CHCl$—结构单元重复连接构成的，这个结构单元就是聚氯乙烯的链节。链节的结构和成分代表了高分子化合物的结构和成分。

3. 高分子材料的分类及命名

（1）高分子材料的分类　高分子材料种类繁多、性质各异，可以根据各种原则进行分类。常用的高分子材料有以下类型：

1）按来源分类。分为天然高分子材料（橡胶）和人工合成高分子材料（塑料、尼龙等）。

2）按用途分类。分为塑料（具有可塑性的物质）、橡胶（具有高弹性的物质）、纤维（具有柔韧、纤细特性的物质）、涂料、胶黏剂和功能高分子材料。

3）按热性能分类。分为热塑性高分子材料和热固性高分子材料。

4）按结构分类。根据主链结构，分为碳链聚合物、杂链聚合物、元素聚合物；根据聚合物的分子结构，分为线型分子结构（直链）材料、支链型分子结构（主链之间不连接）材料和体型分子结构（主链之间连接）材料。

5）按功能分类。分为通用高分子材料、工程材料高分子材料、功能高分子材料、仿生高分子材料等。

6）按反应机理分类。分为联锁聚合反应高分子材料、逐步聚合反应高分子材料。

（2）高分子材料的命名　高分子材料通常采用习惯命名法，在原料单体名称前加"聚"字，如聚乙烯、聚氯乙烯等。由两种单体缩聚而成的聚合物，如果结构比较复杂或不太明确，则往往在单体名称后加上"树脂"二字来命名，如由苯酚和甲醛合成的聚合物称为酚醛树脂。

只用一种单体成分合成的聚合物称为均聚物；使用两种或多种不同单体成分合成的聚合物称为共聚物。

有些高分子材料以专用名称命名，如纤维素、蛋白、淀粉等。还有很多高分子材料采用商品名称，没有统一的命名原则，对于同一种材料，各国的名称都可能不相同。例如：聚己内酰胺称为尼龙、锦纶、卡普隆；聚乙烯醇缩甲醛称为维尼纶；聚丙烯腈（人造羊毛）称为腈纶、奥纶；聚对苯二甲酸乙二酯称为涤纶、的确良；聚甲基丙烯酸甲酯称为有机玻璃；丁二烯和苯乙烯共聚物称为丁苯橡胶等。

为解决聚合物读写不便的问题，往往采用国际通用的英文缩写符号，如聚乙烯用 PE 表示，聚氯乙烯用 PVC 表示，PMMA 表示聚甲基丙烯酸甲酯。

二、高分子链的化学组成

高分子材料的分子链结构是指组成高分子结构单元的化学组成、键接方式、空间构型，高分子链的几何形状及构象等。

高分子的主链对高分子的性能有相当重要的作用。只有在元素周期表中处于ⅢA、ⅣA、ⅤA、ⅥA 的金属和非金属元素 B、C、Si、N、P、O、S 等能组成大分子链。

大分子链内组成元素不同，其性能变化很大。例如，以四个氟（F）原子取代聚乙烯链节上的四个氢（H）原子时，组成的聚四氟乙烯（结构单元为CF-CF）便成了耐王水腐蚀并耐磨的塑料王。根据链节中主链化学组成的不同，高分子链主要有以下几种类型。

1. 碳链高分子

高分子主链是由相同的碳原子以共价键连接而成的，如—C—C—C—C—或—C—C=C—C—。前者主链中无双键，为饱和碳链；后者主链中有双键，为不饱和碳链；甚至可以存在三键。它们的侧基可以是各种各样的，如氢原子、有机基团或其他取代基。典型的碳链高分子—聚乙烯的分子链如图 3-33 所示，主链均为碳原子，H 原子可以换成其他的官能团或侧基，用 R 表示。

官能团不同，得到的聚合物也不同。如 R 换为 Cl，得到氯乙烯；R 换为 OH（羟基），得到乙烯醇；R 换为 CH_3，得到丙烯。

碳链高分子大多数由加聚反应制得，常见的有聚乙烯、聚丙烯、聚苯乙烯、聚甲基丙烯酸甲酯、聚丙烯腈、聚异戊二烯、聚氯乙烯等。这类高分子材料的优点是可塑性好，容易加工成型；缺点是耐热性较差，容易燃烧和老化。

2. 杂链高分子

高分子主链是由两种或两种以上的原子构成的，即除碳原子外，还含有氧、氮、硫、磷、氯、氟等原子。例如，图 3-34 所示为聚乙二醇的分子链结构，其主链中除碳原子外，还含有氧原子。

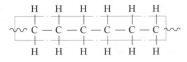

图 3-33 聚乙烯的分子链结构   图 3-34 聚乙二醇的分子链结构

3. 元素有机高分子

高分子主链一般由无机元素硅、钛、铝、硼等原子和有机元素氧原子等组成，不含碳原子。例如，图 3-35 所示为聚二甲基硅氧烷的分子链结构，其主链由硅、氧原子组成。

它的侧基一般为有机基团，有机基团使聚合物具有较高的强度和弹性；无机原子则能提高耐热性。有机硅树脂和有机硅橡胶等均属于此类。

图 3-35 聚二甲基硅氧烷的分子链结构

杂原子的存在能极大地改变聚合物的性能。例如，氧原子能增强分子链的柔性，因而提高了聚合物的弹性；磷和氯原子能提高耐火、耐热性；氟原子能提高化学稳定性等。这类分子链的侧基通常比较简单，属于这类聚合物的有聚酯、聚酰胺、聚甲醛、聚醚、聚砜等，它们都是由缩聚反应合成的杂链高分子。这类高分子材料的

扫一扫

高分子链
结构单元
的键接方
式和构型

优点是机械强度高和耐热性较好；缺点是由于分子带有极性基团，所以容易水解。

三、高分子链结构单元的键接方式和构型

大分子链形成后，由共价键固定的链内原子和原子团的几何排列即固定不变。任何大分子链都是由链节按一定的方式连接而成的。

1. 键接方式

结构单元在链中的连接方式和顺序取决于单体及合成反应的性质。缩聚反应的产物变化较少，结构比较规整；加聚反应则不然。对于由一种单体聚合而成的均聚物，若单体结构完全对称，则只有一种键接方式；在均聚物和共聚物的大分子链中，当链节中有不对称原子或原子团时，单体的加成可以有不同的形式，结构的规整程度也不同，其可能的几何排列不止一种。如乙烯型单体聚合时，单体的加成有图 3-36 所示的三种形式。其中，头—尾连接的结构最规整，强度最高。

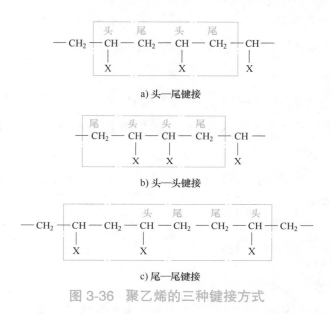

图 3-36 聚乙烯的三种键接方式

由多种单体聚合而成的共聚物，其连接方式更是多种多样。例如，由 A、B 两种单体构成的共聚物，可能有图 3-37 所示的连接方式。

哪种排列使聚合物体系能量最低，就以哪种连接顺序存在。工业生产中普遍存在的是无规共聚结构，这是改进高分子材料性能的重要途径。无规共聚物中两种单体的无规则排列，改变了结构单元之间和分子之间的相互作用，所以其性能与均聚物有很大差别。例如，聚乙烯和聚丙烯为塑料，而乙烯和丙烯的无规共聚物当丙烯含量较高时则为橡胶。嵌段与接枝共聚物的性能与类似成分的均聚物和无规共聚物不同，所以可利用嵌段或接枝的方法对聚合物进行改性和合成符合特

殊要求的新型聚合物。例如，聚丙烯腈接枝10%聚乙烯的纤维，不仅可保持原来聚丙烯腈纤维的物理性能，还能使纤维的着色性能增加3倍。不同键接方式的丁二烯和苯乙烯的共聚物在性能上是不同的：75%丁二烯和25%苯乙烯的共聚物是丁苯橡胶；丁二烯和苯乙烯的嵌段共聚物是热塑性弹性体，具有橡胶的特性；20%丁二烯和80%苯乙烯的接枝共聚物是韧性很好的耐冲击聚苯乙烯塑料。

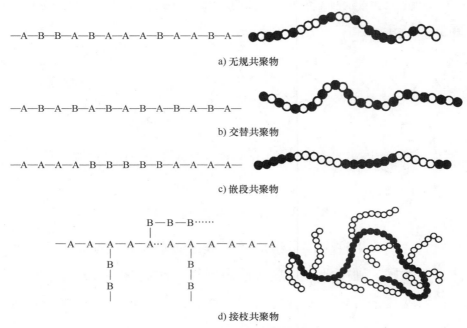

图 3-37　共聚物的四种连接方式

2. 空间构型

高分子中结构单元由化学键所固定的原子在空间中的几何排列称为分子链的构型。即使分子链组成相同，如果取代基的位置不同，也可有不同的立体构型。例如，乙烯类高分子链一般有图3-38所示的三种立体构型。

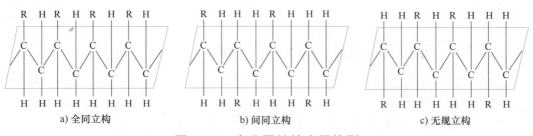

图 3-38　高分子链的空间构型

（1）全同立构　取代基 R 全部处于主链的同一侧。

（2）间同立构　取代基 R 相间地分布在主链的两侧。

（3）无规立构　取代基 R 在主链的两侧做不规则的分布。

其中，全同立构和间同立构属于有规（等规）立构。高分子链的空间立构不同，其特性也不同：全同立构和间同立构的聚合物容易结晶，是很好的纤维材料和定向聚合材料；无规立构的聚合物很难结晶，缺乏实用价值。

四、高分子链的几何形状

由于聚合反应的复杂性，在合成聚合物的过程中，可以发生各种各样的反应形式，所以高分子链也会呈现出各种不同的形态。一般说来，高分子链的几何形状有三种，如图 3-39 所示。

扫一扫

高分子链的
几何形状和
构象

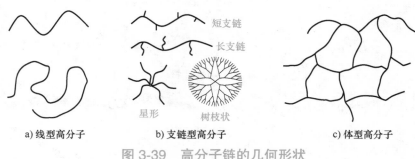

a) 线型高分子　　　b) 支链型高分子　　　c) 体型高分子

图 3-39　高分子链的几何形状

（1）线型高分子　由许多链节组成的长链，通常卷曲成线团状。这类高聚物的特点是弹性、塑性好，硬度低，是热塑性高聚物。此类材料加热后软化，冷却后又硬化成型，随温度变化可以反复进行。聚乙烯、聚氯乙烯等烯类聚合物都属于典型的热塑性高聚物。

（2）支链型高分子　在主链上带有支链。这类高聚物的性能和加工工艺都接近于线型高分子，也属于热塑性高聚物。

（3）体型（网状）高分子　分子链之间有许多链节互相交联，呈三维网状结构。这类高聚物的硬度高、脆性大、无弹性和塑性，是热固性高聚物。此类材料受热发生化学变化而固化成型，成型后再受热也不会软化变形，如酚醛树脂、环氧树脂等。

五、高分子链的构象及柔顺性

1. 高分子链的构象

高分子链的主链都是以共价键连接起来的，具有一定的键长和键角。例如，C—C 键的键长为 0.154nm，键角为 109°28′。在保持键长和键角不变的情况下，它们可以任意旋转，这就是单键的内旋转，如图 3-40 所示，大量的单链都随时进行着旋转。

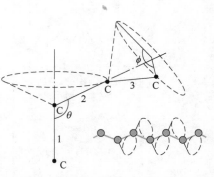

图 3-40　碳链 C—C 键的内旋转
示意图

C_2—C_3 单键能在保持键角 $109°28'$ 不变的情况下，绕 C_1—C_2 键自由旋转，此时 C_3 原子可出现在以 C_2 为顶点、C_2—C_3 为边长、外锥角为 $109°28'$ 的圆锥体底边的任意位置上。同样，C_4 原子能处于以 C_3 为顶点、绕 C_2—C_3 轴旋转的圆锥体的底边上。依此类推，对于拥有众多单键的高分子链，各单键均可做与上述情况相同的内旋转运动。

原子围绕单键内旋的结果，是使原子排列位置不断变化，而高分子链很长，每个单键都在内旋转，且频率很高，例如，乙烷分子在 27℃ 时键的内旋转频率达 $10^{11} \sim 10^{12}$Hz，这必然会造成高分子形态的瞬息万变，从而使分子链出现许许多多不同的空间形象，如图 3-41 所示。这种由单键内旋转所引起的原子在空间占据不同位置所构成的分子链的各种形象，称为高分子链的构象。

a) 无规线团　　　　　　b) 球形　　　　　　c) 拉伸链

图 3-41　单个大分子链的几种构象示意图

2. 高分子链的柔顺性

高分子链的空间形象变化频繁，构象很多，可以扩张伸长，可以卷曲收缩，就像一团任意卷在一起的钢丝一样，对外力有很大的适应性，能呈现不同程度的卷曲状态，表现出范围很大的伸缩能力。高分子这种能由构象变化获得不同卷曲程度的特性，称为高分子链的柔顺性。柔顺性用末端距 h 或均方末端距 h^2 表示，如图 3-42 所示。

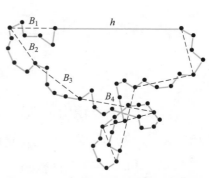

图 3-42　高分子链的柔顺性度量

高分子链的柔顺性与单键内旋转的难易程度有关。C—C 键上总带有其他原子或基团，这些原子和基团之间存在一定的相互作用，阻碍了单键的内旋转；另外，单键的内旋转是彼此牵制的，一个键的运动往往要牵连到邻近键的运动，所以高分子链的运动往往是以相连接的、有一定长度的链段运动来实现。链段是指具有独立运动能力的链的最小部分，一般包括十几个到几十个链节，这样，高分子链就可以看作是由若干能独立运动的链段所组成的。链段的热运动使高分子产生强烈的卷曲倾向，因此链段的长度可表明高分子链的柔顺性，它所包含的链节数越少，单键内旋转越容易，则柔顺性越好。通常将容易内旋转的链称为柔性链，而不易内旋转的链则称为刚性链。

六、高分子材料的聚集态结构

组成物质的分子聚集在一起的状态称为物质的聚集态。一般物质的聚集态可分为气体、液体和固体。高分子的聚集态结构是指高分子材料内部高分子链之间的几何排列和堆砌结构，也称为超分子结构，它是在高分子材料加工成型过程中形成的。高分子链之间以分子键或氢键结合，键虽弱，但因分子链很长，链间总作用力为各链节作用力与聚合度之积，因而大大超过链内共价键。显然，高分子的聚集态结构与高分子材料的性能有着直接关系。

根据分子链在空间排列的规整性，可将聚合物分为结晶态（分子链在空间规则排列）、取向态（分子链在空间部分规则排列）和非晶态（分子链在空间无规则排列），如图 3-43 所示。

a) 结晶态　　　　b) 取向态　　　　c) 非晶态

图 3-43　高分子材料的聚集状态

结晶态聚合物由晶区（分子做规则紧密排列的区域）和非晶区（分子处于无序状态的区域）组成。由于分子链很长，在每个部分都呈现规则排列是很困难的，通常用结晶度来表示聚合物中结晶区所占的质量分数。一般结晶态聚合物的结晶度为50%~80%。

聚合物是否结晶，与分子链的结构及冷却速度有关。分子链的侧基分子团较小，没有或很少有支化链产生，全同立构或间同立构及只有一种单体时，分子链容易产生结晶；反之，则易形成非晶区。由液态到固态的冷却速度越小，越容易结晶。非晶态聚合物的结构，并非真正是高分子排列呈杂乱交缠状态。实际上，其结构只是在大距离范围内无序，而在小距离范围内有序，即远程无序、近程有序。

结晶态聚合物的分子排列紧密，分子间作用力很大，所以使聚合物的熔点、相对密度、强度、硬度、刚度、耐热性、耐化学性、抗液体及气体透过能力等性能有所提高；而与链运动有关的性能，如弹性、伸长率、冲击强度等则降低。

根据使用性能的要求，高聚物中可掺入一些其他物质，组成更复杂的"共混物"，这实际是复合改性的重要途径。例如，加入增塑剂能有效地改善塑性成型的能力；加入增韧剂可显著提高韧性；将铁、铜掺入高聚物中，可提高强度和导热性；掺入云母、石棉可改善高聚物的耐热性和绝缘性；掺入 Al_2O_3、TiO_2、SiO_2 可提高高聚物的硬度和耐磨性：加入铝后可抗老化等。近代发展起来的高分子间的共混改性，其产物可兼备几种高分子材料的优点。

高聚物聚集态与小分子物质聚集态、相态的对应关系如图 3-44 所示，小分子的液态对应高分子聚合物的黏流态和非晶态。

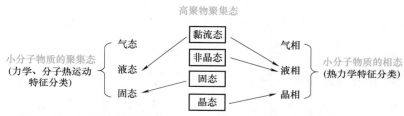

图 3-44　高聚物聚集态与小分子物质聚集态、相态的对应关系

由于高分子链的结构及运动，使其相较于低分子材料具有某些特殊性能，见表 3-12。

表 3-12　低分子材料和高分子材料的比较

类　别	低分子材料	高分子材料
相对分子质量	<500	$10^3 \sim 10^6$
分子可否切割	不可分割	可分割成短链
热运动单元	整个分子	多重热运动单元（链节、链段、整链）
结晶程度	大部分为完全晶体	非晶态和部分结晶
分子间力	极小	加合后可大于主价键力
熔点	固定	软化温度区间
物理状态	气、液、固三态	只有液态和固态（包括高弹态）

任务实施

一、观看微课：高分子材料的微观结构分析

记录什么是单体、链节，高分子化合物包括哪些类型，高分子化合物如何命名？高分子化合物的化学组成，结构单元的键接方式与构型，高分子链的几何形状、构象、柔顺性及聚集态结构等。

高分子材料的微观结构分析

二、完成课前测试

1. 判断题

高分子链中，全同立构的空间构型不易结晶。 （   ）

2. 选择题

（1）—A—A—A—A—B—B—B—B—B—A—A—A—A—属于（   ）共聚物。

A. 无规　　　　　　B. 交替　　　　　　C. 嵌段　　　　　　D. 接枝

（2）下列属于高分子近程结构的有（   ）。

A. 化学组成　　　　　　　　　　B. 结构单元的键接方式与序列

C. 高分子链的构象　　　　　　　D. 高分子链的构型

（3）高分子链的几何形状包括（   ）。

A. 线型　　　　　　　　　　　　B. 支链型

C. 体型（交联）　　　　　　　　D. 接枝型

三、任务准备

实施本任务所使用的设备和材料见表 3-13。

表 3-13　实施本任务所使用的设备和材料

序　号	分　类	名　称	型号规格	数　量	单　位	备　注
1	设备	透射电镜	Tecnai G2 F30	1	台	
2	材料	ABS 样品	标准样品	10	套	

四、以小组为单位完成任务

在教师的指导下，完成相关知识点的学习，并完成任务决策计划单（表 3-14）和任务实施单（表 3-15）。

表 3-14 任务决策计划单

制定工作计划 （小组讨论、咨询教师，将下述内容填写完整）	
微观结构观察	操作步骤：
	分工情况：
	需要的设备和工具：
	注意事项：

表 3-15 任务实施单

小组名称		任务名称	
成员姓名	实施情况		得分
小组成果（附照片）			

 ## 检查测评

对任务实施情况进行检查，并将结果填入表 3-16 中。

表 3-16 任务测评表

序 号	主要内容	考核要求	评分标准	配 分	扣 分	得 分
1	课前测试	完成课前测试	平台系统自动统计测试分数	20		
2	观看微课	完成视频观看	1）未观看视频扣 20 分 2）观看 10%~50%，扣 15 分 3）观看 50%~80%，扣 5 分 4）观看 80%~99%，扣 3 分	20		
3	任务实施	完成任务实施	1）未参与任务实施，扣 60 分 2）完成一个样品的测试，得 20 分，依次累加，至少测三组	60		
合计						
开始时间：			结束时间：			

思考训练题

一、选择题

按照热行为可以将高分子材料分为（　　）。

A. 天然高分子材料和合成高分子材料

B. 碳链聚合物材料和杂链聚合物材料

C. 热塑性高分子材料和热固性高分子材料

D. 连锁聚合反应高分子材料和逐步聚合反应高分子材料

二、判断题

1. 高分子链所含链节的数目称为聚合度。　　　　　　　　　　　　　　　　（　　）

2. 单体就是链节。　　　　　　　　　　　　　　　　　　　　　　　　　（　　）

3. 酚醛树脂、环氧树脂都是高分子材料。　　　　　　　　　　　　　　　　（　　）

三、简答题

1. 高分子链结构包括哪些部分？

2. 共聚物的键接方式有哪几种？

3. 高分子链的空间构型有哪几种？

4. 高分子链的几何形状有哪几种？

任务三　陶瓷的结构分析

学习目标

知识目标：1. 说出陶瓷的概念。

　　　　　2. 描述陶瓷的结构特点及相组成。

　　　　　3. 列举晶体相包含的种类，并描述其特点。

　　　　　4. 说出玻璃相和气相的特点。

能力目标：能分析陶瓷的相结构对其性能的影响。

素养目标：通过分析材料微观结构对其宏观性能的影响，树立探究物质本质的意识。

工作任务

无机非金属材料是材料家族中的另一大类，在航空航天、军事、工业生产中具有不可替代的作用，其典型代表是陶瓷。陶瓷具有耐高温、耐磨、耐腐蚀、高强度及其他特殊性能（压电性、磁性和光学性能），但其脆性大。陶瓷的性能、制备及加工方式与金属材料和有机高分子材料都不同，那么，其微观结构有什么特殊之处？

本任务的内容：使用透射电镜观察陶瓷的微观结构，说出其原子排列特点，指出其相组成并说明其特点，分析相组成对陶瓷性能的影响。

 相关知识

一、陶瓷的概念

陶瓷是指所有以黏土为主要原料，与其他天然矿物原料经过粉碎、混炼、成型、烧结等过程制成的各种制品，如图 3-45 所示。陶瓷是由金属和非金属的无机化合物所构成的多晶多相固体物质，它实际上是各种无机非金属材料的统称。传统意义上，"陶瓷"是陶器与瓷器的总称。后来，发展到泛指所有硅酸盐材料，包括玻璃、水泥、耐火材料、陶瓷等。随着工业技术的进步，陶瓷得到了迅速发展，人们研究出多种不同性能的陶瓷，它们在新技术领域中起了巨大作用。目前，陶瓷材料与金属材料、高分子材料一起称为三大固体材料。

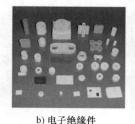

a) 陶器和瓷器   b) 电子绝缘件   c) SiC陶瓷件

图 3-45 常见陶瓷

二、陶瓷的结构特点

陶瓷在热和化学环境中比它们的组元更稳定，通常比相应的金属或聚合物更硬。陶瓷和金属类似，具有晶体构造，但与金属不同的是，其结构中并没有大量的自由电子。这是因为陶瓷是由金属元素和非金属元素通过离子键或共价键结合起来的，包括离子晶体（如 MgO、Al_2O_3 等）或共价晶体（如 SiC、Si_3N_4 等）。

陶瓷的晶体结构比较复杂，由于这种复杂性以及其原子结合键强度较大，使得陶瓷反应缓慢。例如，正常冷却速率的玻璃没有充分的时间使其重排为复杂的晶体结构，所以它在室温下可长期保持为过冷液体。

难熔碳化物和氮化物的结构和性能介于金属与陶瓷材料之间。这些化合物包括 TiC、SiC、BN 和 ZrN，它们含有金属元素，而且它们的结构包含金属键和共价键的复合。由于没有自由电子，所以它们不是良好的导电体；但是，它们的原子可以在晶体结构中定向排列，所以具有磁性。

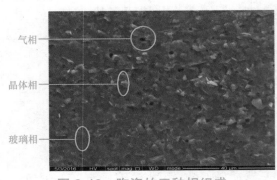

气相 ——
晶体相 ——
玻璃相 ——

图 3-46 陶瓷的三种相组成

硅酸盐的结构和性能介于陶瓷与有机材料之间，它们通常称为无机聚合物。事实上，在无定形聚合物与工业玻璃之间存在着密切的结构联系。

在室温下，陶瓷的典型组织由晶体相、玻璃相和气相组成，如图 3-46 所示，各相的相对量变化很大，分布不均匀。

三、晶体相

晶体相是组成陶瓷的基本相，也称主晶相。它往往决定着陶瓷的力学、物理和化学性能。例如，由离子键结合的氧化铝晶体组成的刚玉陶瓷，具有机械强度高、耐高温及耐腐蚀等优良性能。由于陶瓷材料中原子的键合方式主要是离子键，故多数陶瓷的晶体结构可以看成是由带电的离子而不是由原子组成的，由于陶瓷至少由两种元素组成，所以陶瓷的晶体结构通常要比纯金属的晶体结构复杂。陶瓷晶体中两类重要的相结构是氧化物结构和硅酸盐结构。它们的共同特点是：①结合键主要是离子键，或含有一定比例的共价键；②有确定的成分，可以用准确的分子式表示。

1. 氧化物结构

氧化物结构的特点是较大的氧离子紧密排列成晶体结构，较小的正离子填充在它们的空隙内。根据正离子所占空隙的位置和数量不同，形成各种不同结构的氧化物，见表 3-17。

表 3-17 常见陶瓷的各种氧化物晶体结构

结构类型	晶体结构	陶瓷中的主要化合物
AX 型	面心立方	碱土金属氧化物 MgO、BaO 等，碱金属卤化物，碱土金属硫化物
AX$_2$ 型	面心立方	CaF$_2$（萤石）、ThO$_2$、VO$_2$ 等
	简单四方	TiO$_2$（金红石）、SiO$_2$（高温方英石）等
A$_2$X$_3$ 型	菱形晶体	α-Al$_2$O$_3$（刚玉）

扫一扫

陶瓷材料的
晶体相——
玻璃相

（续）

结 构 类 型	晶 体 结 构	陶瓷中的主要化合物
ABX$_3$ 型	简单立方	CaTiO$_3$（钙钛矿）、BaTiO$_3$ 等
	菱形晶系	FeTiO$_3$（铁钛矿）、LiNbO$_3$ 等
AB$_2$X$_3$ 型	—	MgAl$_2$O$_3$（尖晶石）等 100 多种

（1）AX 型陶瓷晶体　　AX 型陶瓷晶体是最简单的陶瓷化合物，它们具有数量相等的金属原子和非金属原子。它们可以是离子型化合物，如 MgO，其中两个电子从金属原子转移到非金属原子，而形成阳离子（Mg^{2+}）和阴离子（O^{2-}）；也可以是共价型，价电子在很大程度上是共用的，ZnS 是这类化合物的一个例子。

AX 化合物的特征：A 原子只被作为直接邻居的 X 原子所配位，且 X 原子也只有 A 原子作为第一邻居。因此，A 和 X 原子或离子是高度有序的。形成 AX 化合物时，有三种主要的方法能使两种原子数目相等，且有如上所述的有序配位。属于这类结构的有 CsCl 型晶体、NaCl 型晶体（图 3-47）和 ZnS 型晶体。

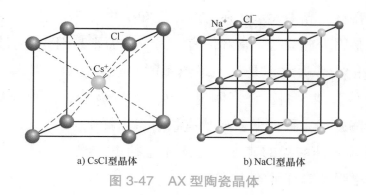

a) CsCl型晶体　　　　　　b) NaCl型晶体

图 3-47　AX 型陶瓷晶体

1）CsCl 型。A 原子（或离子）位于 8 个 X 原子的中心，X 原子（或离子）也处于 8 个 A 原子的中心。但应该注意的是，这种结构并不是体心立方的。确切地说，它是简单立方的，相当于把简单立方的 A 原子和 X 原子晶格相对平移 $a/2$，到达彼此的中心位置而形成的。

2）NaCl 型。阴离子为面心立方点阵，而阳离子位于其晶胞和棱边的中心。NaCl 型结构的化合物有数百种，如 MgO、NiO、FeO、MnO、CaO、CoO 等氧化物，属于这类结构的还有 NaCl、KCl、LiF、kBr 等离子化合物。

3）ZnS（闪锌矿型）和非立方型。这类结构的原子排列比较复杂，形成的陶瓷很硬、很脆。属于闪锌矿型结构的陶瓷有 ZnS、BeO、SiC 等；属于非立方型结构的陶瓷有 FeS、MnTe、ZnO、NiAs 等。

（2）AX$_2$ 型陶瓷晶体　　主要有萤石（CaF$_2$ 型结构）与逆萤石型结构。这类结构中金属原子呈面心立方点阵，非金属原子占据所

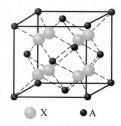

○ X　　● A

图 3-48　AX$_2$ 型陶瓷晶体

有四面体的间隙位置，如图 3-48 所示。萤石结构的氧化物有 CeO_2、PrO_2、UO_2、ZrO_2、NpO_2、PuO_2、AmO_2 等。它们的特点是金属离子半径大于氧离子半径，所以金属离子呈面心立方或密排六方结构，而小的氧离子则填充间隙，如 UO_2 可做核燃料，而核裂变的产物可留在这些空间处。

逆萤石型结构正好相反，即金属离子比氧离子小。氧离子构成面心立方结构，小的金属离子填满四面体间隙。逆萤石型结构的氧化物有 Li_2O、Na_2O、K_2O、Rb_2O 等。

（3）A_2X_3 型陶瓷晶体　这种结构的氧离子具有密排六方的排列，阳离子占据八面体间隙的 2/3，如图 3-49 所示。具有这种结构的氧化物有 Al_2O_3、Fe_2O_3、Cr_2O_3、Ti_2O_3、V_2O_3、Ga_2O_3、Rh_2O_3 等。

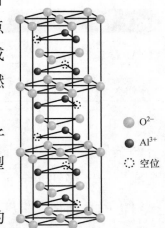

图 3-49　A_2X_3 型陶瓷晶体

O²⁻ 为 O^{2-}
Al³⁺ 为 Al^{3+}
空位

2. 硅酸盐结构

硅酸盐材料在自然界中大量存在，约占已知矿物的三分之一。许多陶瓷都包含硅酸盐，一方面是因为硅酸盐丰富和便宜，另一方面则是因为它们具有在工程上有用的某些独特性能。普通水泥是人们最熟悉的硅酸盐材料，其最明显的优势是能将岩石骨料结合成整块材料。许多陶瓷如砖、瓦、玻璃、搪瓷等都是由硅酸盐制成的。用于制造陶瓷的主要硅酸盐矿物有长石、高岭土、滑石、镁橄榄石等。硅酸盐的其他工程应用包括电绝缘体、化学容器和增强玻璃纤维等。

（1）硅酸盐四面体单元　硅酸盐的基本结构单元为 $(SiO_4)^{4-}$ 四面体，如图 3-50 所示。4 个 O^{2-} 构成 1 个四面体，1 个 Si^{4+} 离子位于四面体的中间间隙位置。将四面体连接在一起的力包含离子键和共价键，因此，四面体的结合很牢固。但是，不论是离子键还是共价键，每个四面体的氧原子外层只有 7 个电子而不是 8 个电子。

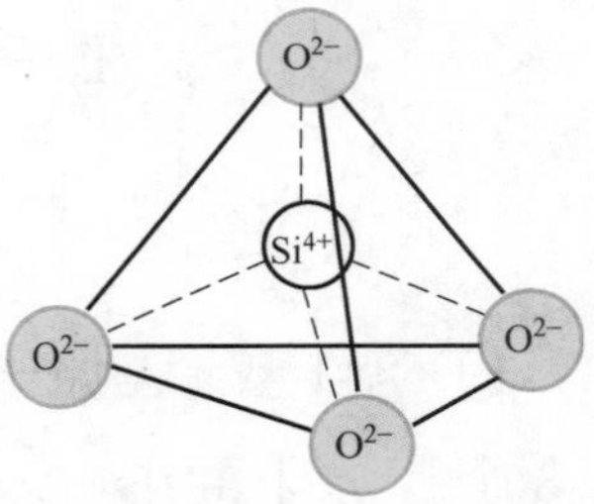

图 3-50　硅酸盐四面体结构

（2）硅酸盐化学式的表示方法

1）用氧化物表示。由于硅酸盐是由不同的氧化物组成的，故它们的化学式可用氧化物表示，其书写的顺序为：碱金属氧化物→二价的氧化物→三价的氧化物→ SiO_2 → H_2O。例如，钾长石可写成 $K_2O \cdot Al_2O_3 \cdot 6SiO_2$，高岭土可写成 $Al_2O_3 \cdot 2SiO_2 \cdot 2H_2O$。

2）用无机铬盐的形式表示。书写顺序为：碱金属的离子→二价的离子→ Al^{3+} → Si^{4+} → O^{2-} → OH^-。例如，钾长石可写成 $KAlSi_3O_8$，高岭土可写成 $Al_4[Si_4O_{10}](OH)_8$。

（3）硅酸盐结构分类　硅氧四面体的四个顶点均分布有 O^{2-}，所以它能与周围的其他阳离子或另一个硅氧四面体连接起来。当整个硅氧四面体连接时，由于 O^{2-} 的排斥作用，使得各顶点只能以共有的形式相连接。但是，一个顶点最多只能被两个四面体所共有，连接方式不同，硅酸盐化合物的结构形式也就不同。按照连接方式划分，硅酸盐化合物可以分为以下五种结构，如图 3-51 所示。

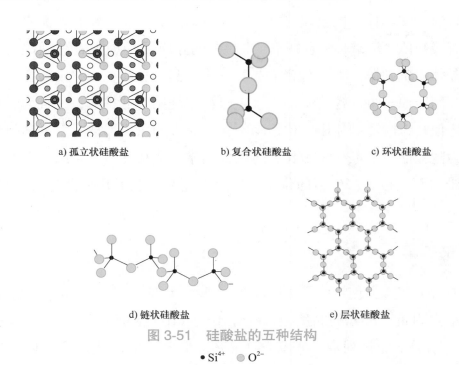

a) 孤立状硅酸盐　　　b) 复合状硅酸盐　　　c) 环状硅酸盐

d) 链状硅酸盐　　　　　　e) 层状硅酸盐

图 3-51　硅酸盐的五种结构

$\bullet Si^{4+}$　○ O^{2-}

1）孤立状硅酸盐。其单元体 $(SiO_4)^{4-}$ 互相独立，不发生相互连接，化学组成一般可以表示为 $2RO \cdot SiO_2$。其中 RO 表示金属氧化物，如 MgO、CaO、FeO 等，但表达式中以 O 为基准（即取 O 为 1，若为 Al_2O_3，则应写成 $Al_{2/3}O$）。具有这类结构的有橄榄石和石榴石等，如图 3-51a 所示。

2）复合状硅酸盐。由两个 $(SiO_4)^{4-}$ 单元体连接在一起，形成 $(Si_2O_7)^{6-}$ 离子，其化学组成为 $3RO \cdot 2SiO_2$。属于这类结构的有镁方柱石、$Ca_2MgSi_2O_7$ 等，如图 3-51b 所示。

3）环状和链状硅酸盐。它是在 n 个 $(SiO_3)^{2-}$ 中四面体的两个顶点分别相互共有，形成各种环状或链状结构。这类硅酸盐结构的化学组成可以表示为 $RO \cdot SiO_2$。具有这类结构的硅酸盐有顽火辉石 $Mg_2(Si_2O_6)$、透辉石 $MgCa(SiO_3)_2$、角闪石 $(OH)_2Ca_2Mg_5(Si_4O_{11})_2$ 等，如图 3-51c 和图 3-51d 所示。

4）层状硅酸盐。此类结构中，四面体具有三个共有顶点，构成了二维网络的层状结构。其化学组成可以表示为 $RO \cdot 2SiO_2$。通常黏土矿物具有这种结构，如图 3-51e 所示。

5）立体网络状硅酸盐。若硅氧四面体中的四个顶点均共有，则形成立体网络结构。具有这类结构的硅酸盐有石英、$LiAl \cdot SiO_4$ 和 $LiAlSi_2O_5$ 等。

以上五种硅酸盐都具有如下结构特点：①结构中 Si^{4+} 间没有直接连接的键，而是通过 O^{2-} 连接起来的；②以硅氧四面体为基础；③每个 O^{2-} 只能连接两个硅氧四面体；④硅氧四面体间只能共顶连接，而不能共棱和共面连接。

3. 陶瓷晶体相中的缺陷

陶瓷材料是多晶体，同金属一样，有晶粒、晶界、亚晶粒和亚晶界。在一个晶粒内，也有线缺陷（位错）和点缺陷（空位和间隙原子），这些晶体缺陷的作用也类似于金属晶体中的缺陷。如果陶瓷的晶粒细小、晶界总面积大，则陶瓷材料的强度大；空位和间隙原子可加速陶瓷加工工艺过程中烧结时的扩散，并且会影响陶瓷的物理性能。但是，陶瓷晶体中的位错却不像金属中的位错那样对变形和强化有重要作用，因为陶瓷晶体的晶格常数比合金的晶格常数大得多，而且结构复杂，位错运动极为困难，而且很难产生新的位错。所以陶瓷在常温下几乎没有塑性变形能力，即脆性大。

四、玻璃相

陶瓷制品在烧结过程中，有些物质如作为主要原料的 SiO_2，已处于熔化状态。但在熔点附近，SiO_2 的黏度很高，原子迁移困难，所以当液态 SiO_2 冷却到熔点以下时，原子不能排列成长程有序（晶体）状态，而形成过冷液体。当过冷液体继续冷却到玻璃化转变温度 T_g 时，则凝固为非晶态的玻璃相。因此，玻璃相就是陶瓷高温烧结时各组成物和杂质产生一系列物理、化学反应后形成的一种非晶态物质。它的结构是由离子多面体（如硅氧四面体）构成短程有序排列的空间网络。

玻璃相在陶瓷组织中的作用：黏结分散的晶体相，降低烧结温度，抑制晶粒长大和填充气孔，从而使陶瓷致密等。玻璃相的熔点低、热稳定性差，使陶瓷在高温下容易产生蠕变，从而降低了其在高温下的强度。此外，由于玻璃相结构疏松，空隙中常填充有金属离子，因而降低了陶瓷的电绝缘性，增加了介电损耗，所以工业陶瓷必须控制玻璃相的含量，一般为 20%~40%，特殊情况下可达 60%。

五、气相

气相是指陶瓷孔隙中的气体，即气孔，它是在陶瓷生产过程中形成并被保留下来的。陶瓷中的气孔有开放气孔和封闭气孔两种。

气孔对陶瓷性能有显著影响。如果是表面开口的，会使陶瓷质量下降；如果存在于陶瓷内部（如封闭气孔），则不易被发现，这常常是产生裂纹的原因，使陶瓷性能大幅下降，使组织致密性下降、应力集中、脆性增加、介电损耗增大、电击穿强度下降、绝缘性降低等。因此，生产中要控制气孔的数量、大小及分布。

陶瓷材料的气孔量用气孔的相对体积（气孔率）来表示，它是衡量陶瓷材料质量的重要标志。开放气孔和封闭气孔在材料中的总相对体积称为真气孔率；开放气孔的相对体积称为显气孔率。普通陶瓷的气孔率为 5%~10%，特种陶瓷在 5% 以下，金属陶瓷要求在 0.5% 以下。

六、液晶相

1. 晶体和液体间的过渡态

扫一扫

液晶态结构

晶体、液体和非晶态固体虽均为凝聚态，但从原子排列上看却有明显的差别。晶态中原子排列是长程有序的，而液态和非晶态中原子排列则是短程有序的；晶态是各向异性的，而液态和非晶态则是各向同性的。这两种凝聚态各处于一个极端情况，显然它们之间必定有一些中间状态，液晶态就是其中之一。液晶态是物质的一种存在形态，它具有晶体的光学各向异性，又具有液体的流动性质，因此也称之为介晶态，如图 3-52 所示。图中 T_m 为熔点，T_d 为清亮点。固态高分子加热到 T_m 后，晶体转变为浑浊的各向异性液体；继续加热到 T_d 后，体系进一步转变为透明的各向同性液体。在熔点和清亮点之间的浑浊高分子材料，既有液体的流动性，又有晶体结构排列的有序性，成为液晶相。

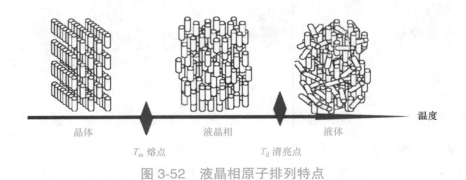

图 3-52　液晶相原子排列特点

奥地利植物学家 F.Reinitzer 在 1888 年首先观察到液晶现象。他在测定有机物的熔点时，发现某些有机物熔化后，会经历一个不透明的浑浊液态阶段，只有继续加热，才能成为透明的各向同性液体。1889 年，德国物理学家 O.Lehmann 也观察到同样的现象，并发现浑浊液体中间相具有和晶体相似的性质，故称为液晶。

液晶既具有液体的流动性，又具有晶体的某些各向异性。例如，从分子序来看，液晶中分子往往具有一维或二维的长程有序，所以是介于液体与晶体之间的一种过渡态。正是这种取向上的长程有序，才使得液晶在光学、电学和磁学等方面具有与晶体一样的各向异性。

2. 液晶的分类

（1）按形成条件分类

1）热致性液晶。热致性液晶是指材料通过升温至熔点或玻璃化温度（T_g）以上才能进入液晶状态的液晶。热致性液晶又称为热变型液晶，它呈现液晶相是由温度引起的，而且只能在一定温度范围内存在，一般是单一组分。目前，在实际中直接应用的液晶都属于热致性液晶。

2）溶致性液晶。溶致性液晶是由符合一定结构要求的化合物与溶剂组成的液晶体系，由两种以上的化合物组成。最常见的溶致性液晶是由水和"双亲"性分子组成的。所谓双亲性分子，是指分子结构中既含有亲水的极性基团，也含有不溶于水的非极性基团。这类分子需要形成一定的溶液后，才会显现出液晶的性质，又称溶变型液晶。例如，羧酸金属盐（具有极性的物质）和水、酒精、氯仿等溶剂形成的液晶就是溶致性液晶。

（2）按结构分类

从结构和光学特征来看，可将液晶分为向列相液晶、胆甾相液晶和近晶相液晶三类，如图 3-53 所示。

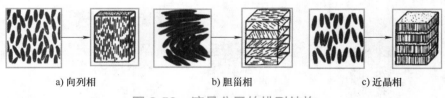

a) 向列相   b) 胆甾相   c) 近晶相

图 3-53 液晶分子的排列结构

1）向列相液晶。向列相液晶的英文名字是"Nematic"，在希腊语中是"丝状"的意思。因为在偏光显微镜下观察时，这类液晶的薄膜呈现丝状组织。其特点是杆状分子广泛地平行排列，沿纵向容易移动。向列相液晶分子取向有序，位置则是随机的，总体上仅保持一维有序，具有较大的流动性，如图 3-53a 所示。

2）胆甾相液晶。胆甾相液晶的英文名字是"Cholesteric"，它实际上是向列相液晶的一种特例（即一种畸变态），它由相互重叠的"向列相"平面堆积而成，如图 3-53b 所示。这是一种扭曲的结构，具有特殊的光学性质，如特别高的旋光性，对圆偏振光有特殊的选择型反射。因为胆甾相液晶最早是从胆甾醇类物质中发现的，故而得名。

3）近晶相液晶。近晶相液晶的英文名字为"Smecta"，由希腊语转化而来，有肥皂之意。这是因为这类液晶在浓肥皂水溶液中都会显现出特有的偏光显微镜像（皂相）。中文名称为"近晶相"是因为这类液晶分子排列分层，且具有在同一方向上排列的特征，比较接近晶体。近晶相液晶除了取向有序外，它们的分子重心组成层状结构，又称层型液晶，如图3-53c所示。

随着温度的升高，液晶会从有序程度高的状态逐步变为无序的各向同性液相状态。

不同液晶相的有序度不同，各向同性的程度也不同，所以物理性质将随温度而改变。能够成为液晶的有机分子大都是棒状分子，摩尔质量一般为200~500g/mol，长度为几纳米，长宽比为4~8。

3. 高分子液晶

形成聚合物液晶的首要条件是，聚合物中有生成液晶态分子结构单元或液晶基元，也就是说要有棒状或条状分子存在。这一要求对聚合物是容易满足的。棒状结构要有适当的长度和直径比，也就是分子链的伸长度和刚性。一般而言，长度和直径比越大，出现稳定液晶所需的浓度就越低。适当的长度和直径比对于形成热致和溶致聚合物液晶是十分重要的。

聚合物液晶是在有机分子液晶结构基础上引入高分子而形成的。根据液晶元上连接聚合物的方式，聚合物液晶可分为侧链型与主链型两类，如图3-54所示。

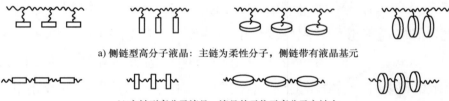

a) 侧链型高分子液晶：主链为柔性分子，侧链带有液晶基元

b) 主链型高分子液晶：液晶基元位于高分子主链上

图3-54　高分子液晶的链结构

（1）侧链型聚合物液晶　分子的侧链中含有液晶基元的聚合物称为聚合物液晶。悬挂着的侧链为液晶基元，通过柔性铰链与高分子主链相连接，这种铰链一般由亚甲基—$(CH_2)_n$组成，n值为1~10。因为主链一般倾向于做统计分布的无规则热运动，如果没有柔性铰链（又称柔性隔离带）提供阻尼，侧链基元无法做有序排列，如图3-54a所示。

（2）主链型聚合物液晶　将液晶的结构单元直接作为主链或主链的一部分，可得主链型聚合物液晶，如图3-54b所示。这类聚合物液晶的特点是分子主链与基元有相同的取向。显然，主链型液晶具有很好的分子取向有序，因而表现出最大的各向异性，高强度的凯夫拉kevlar材料就是一种主链型聚合物液晶，它可用作防弹衣材料和航天材料。

除了侧链型和主链型聚合物液晶外，还有含液晶基元的高分子网，又称为交联性高聚物液晶。

4. 液晶的物理性质

（1）光学性质 绝大多数液晶都呈现光学各向异性，它们都有双折射性质，如图 3-55 所示。所有向列相和一部分近晶相具有正单轴光学特性，其光学性质可以通过两个主折射率来描述。非常光折射率（n_e）一般比寻常光折射率（n_0）要大，而且它们随温度而变化，双折射率 Δn（$= n_e - n_0$）随温度增加而减小。

  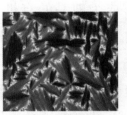

a) 向列相的纹影织构　　b) 胆甾相的指纹织构　　c) 近晶相的焦锥织构

图 3-55　液晶的光学性质

对于胆甾相液晶，$n_0 > n_e$，为负单轴光学特性，这是由扭曲结构造成的，所以有很强的旋光性，其旋光度远大于水晶。旋光性呈现鲜明的旋光色散，并在一个转化波长（λ_0）范围内改变符号，这时可以观察到圆偏振光的选择性反射，使得胆甾相液晶呈现出颜色（代表干涉色）。由于胆甾相液晶薄层的干涉色易受温度、机械压力、电场、有机蒸汽的吸附等因素的影响而发生明显的变化，人们利用这种性质制作出了液晶温度计和各类能够反映温度变化的传感设备，特别适用于表面温度的测量。

（2）磁学和电学性质 液晶的抗磁化率有明显的各向异性，所以向列相液晶在 2000A/m 以上的磁场中，主方向会平行于磁场，于是就形成了一种液相单晶。这样就可以对介电常数、电导率、黏度等进行测量，并可以进行 X 射线衍射研究。胆甾相液晶在磁场中会改变其扭曲结构，从而也会表现出旋光性与颜色的变化。

介质的各向异性对于液晶在电场中的取向以及与此有关的技术应用有决定性意义。向列相和近晶相的电导率也是各向异性的，常用 $\sigma_{//}$（平行于主方向）和 $\sigma_{\perp}$（垂直于主方向）表示。通常 $\sigma_{//} > \sigma_{\perp}$，但在紧贴于近晶相往向列相转化的上方也观察到过 $\sigma_{//} < \sigma_{\perp}$ 的情况。

任务实施

一、观看微课：陶瓷的微观结构分析

记录什么是陶瓷材料，陶瓷材料的结构特点及相组成，晶体相的类型，氧化物结构和硅酸盐结构的特点，玻璃相及气相的特点等。

陶瓷的微观
结构分析

二、完成课前测试

1. 判断题

层状硅酸盐中，四面体具有三个共有顶点。　　　　　　　　　（　　　）

2. 选择题

陶瓷材料的键接方式为（　　　）。

A. 离子键

B. 共价键

C. 离子键或共价键

D. 离子键、共价键或兼有离子键和共价键

三、任务准备

实施本任务所使用的设备和材料见表 3-18。

表 3-18　实施本任务所使用的设备和材料

序　号	分　类	名　　称	型号规格	数　量	单　位	备　注
1	设备	透射电子显微镜	Tecnai G2 F30	1	台	
2	材料	陶瓷材料样品	标准样品	10	套	

四、以小组为单位完成任务

在教师的指导下，完成相关知识点的学习，并完成任务决策计划单（表 3-19）和任务实施单（表 3-20）。

表 3-19　任务决策计划单

制定工作计划 （小组讨论、咨询教师，将下述内容填写完整）		
陶瓷的结构分析	操作步骤：	
	分工情况：	
	需要的设备和工具：	
	注意事项：	

表 3-20　任务实施单

小组名称		任务名称	
成员姓名	实施情况		得分
小组成果（附照片）			

检查测评

对任务实施情况进行检查，并将结果填入表 3-21 中。

表 3-21　任务测评表

序　号	主要内容	考核要求	评分标准	配　分	扣　分	得　分
1	课前测试	完成课前测试	平台系统自动统计测试分数	20		
2	观看微课	完成视频观看	1）未观看视频扣 20 分 2）观看 10%~50%，扣 15 分 3）观看 50%~80%，扣 5 分 4）观看 80%~99%，扣 3 分	20		
3	任务实施	完成任务实施	1）未参与任务实施，扣 60 分 2）完成一个样品的测试，得 20 分，依次累加，至少测试三组数据	60		
合计						
开始时间：			结束时间：			

思考训练题

一、选择题

1. 特种陶瓷的气孔率为（　　　）。

A. 低于 0.5%　　　　B. 低于 5%　　　　C. 5%~10%　　　　D. 10% 以下

2. 下列属于玻璃相作用的是（　　　）。

A. 充填晶粒间隙　　　　　　　　　B. 黏结晶粒

C. 提高材料致密度　　　　　　　　D. 降低烧结温度

二、简答题

1. 陶瓷材料的微观组织由哪几种相态组成？各有什么特点？

2. 陶瓷材料的晶体相包括哪两种？各有什么特点？

3. 简述陶瓷材料中玻璃相的作用。

项目四　材料的制备与加工

情景导入

思考以下问题：①德国汽车为什么会成为世界著名的产品？②为什么使用相同的材料，会生产出不同性能、不同质量的产品？③为什么具有相同功能的电视机、手机的价格和使用寿命会不一样？

材料的结构千差万别，只有控制材料的结构，才能得到人们追求的材料性能，而材料的制备与加工是控制其内部结构的基础和必要手段，是赋予材料外部结构和性能所必需的工艺方法，如图 4-1 所示。同一材料采用不同的加工工艺会有不同的性能和使用寿命，所以研究材料的制备与加工工艺，是获得材料性能的必不可少的环节，它将直接决定最终产品是否合格和满足需求。

制备与加工 —— 控制 —— 结构与成分

图 4-1　材料的制备与加工的重要性

任务一　分析金属的结晶与二元相图

学习目标

知识目标：1. 描述纯金属的结晶过程。

2. 说出细晶强化的概念。

3. 列举常见二元相图的种类，并阐述其结晶过程。

4. 解释铁碳合金相图。

5. 列举铁碳合金的室温平衡组织。

6. 描述钢铁的冶炼方法。

能力目标：1. 能正确进行细晶强化。

2. 能根据铁碳合金相图分析铁碳合金的结晶过程。

3. 能根据铁碳合金相图制订钢的热加工工艺。

素养目标：感受材料的魅力，建立对学科的热爱。

 工作任务

结晶是金属材料的基本制备手段。同其他物质一样，金属能够以气态、液态或固态存在，在一定的条件下，金属的三种状态可以互相转化。按照目前的生产方法，工程上使用的金属材料通常都经历了液态和固态的加工过程。相图是描述金属不同成分和状态的重要工具。

本次任务的主要内容：观察铁碳合金在室温时的平衡组织，分析其形成过程及对铁碳合金性能的影响；分析铁碳合金相图，认识钢铁的冶炼。

 相关知识

一、纯金属的结晶

扫一扫

金属的结晶

物质从液态变为固态的过程称为凝固，由液态冷凝成晶体的过程通常称为结晶。由于固态金属一般由许多晶粒组成，金属的凝固通常又称为金属的结晶。液态金属在铸造和焊接过程中都要经历结晶过程，结晶直接影响着材料的各种性能。了解和掌握结晶过程的基本规律，对研究固态相变具有指导意义，对金属生产的质量控制具有重要作用。

1. 液态金属的结构

一般金属在液态时的结构介于固态和气态之间，不同于固态时原子的规则排列，也不像气态时那样任意分布。金属熔化时，体积变化不大。这表明，相比之下，液态与固态更为相似，而与气态相差很大。通过 X 射线衍射发现：①液态金属中，原子之间的平均距离比固态时略大；②液态金属中原子的配位数比密排结构的固态的配位数少，故密排结构晶体熔化时体积略微膨胀；而液态中原子配位数要比非密排结构的固态的配位数大，故非密排结构晶体熔化时体积略微收缩；③液态中原子的混乱程度比固态时要大。

对液态金属：①在近程范围内，原子呈规则有序排列，在远程范围，原子排列类似于气体的无序分布，即液态金属的结构特点为远程无序、近程有序；②原子热运动较剧烈，即混乱程度较固态大（熵值大），原子的排列变化很快，局部的规则排列转瞬即逝，而后又形成新的原子集团。

液态金属结构的这种"时聚时散，此起彼伏"的现象称为结构起伏或相起伏。结构的变化会引起能量的变化，相应地，结构起伏对应的局部能量的不停变动称为能量起伏。正是液态金属的这种结构起伏和能量起伏，促成其结晶时的均质形核，为形核提供了必要条件。

2. 结晶的一般过程

金属的结晶过程实质上是近程有序排列的液态结构转变为长程有序排列的固态结构的过程。熔融的金属在过冷条件下，液态金属中存在某些尺寸较大且较稳定的原子集团，通常称其为晶胚，晶胚具有潜在的结晶核心作用。经过一定时间后，晶胚长大为等于或大于某一形核临界尺寸的小晶体，这些小晶体叫作晶核。达到某临界尺寸的第一批晶核随后不断凝聚液体中的原子而长大，与此同时，液体中的形核并未停止，第二批晶核、第三批晶核依次生成并长大……这样，在晶核不断生成和长大的过程中，液态金属不断减少，直到液体全部耗尽为止。结晶过程如图4-2所示。

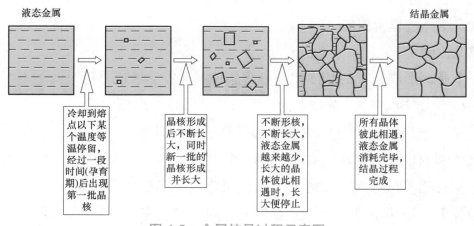

图 4-2　金属结晶过程示意图

扫一扫

金属的结晶过程控制

结晶速度取决于晶核生成速度和生长速度。晶核生成速度通常用形核率来描述，单位时间、单位体积液态中形成的晶核数量称为形核率。晶核生长速度用长大速度来表征，单位时间内晶核生长的线长度称为长大速度。

金属凝固后，每个晶粒长大后形成的外形不规则的小晶体叫作晶粒，晶粒之间的分界面简称晶界。显然，由于多个晶粒随机形成，其形成的时间、位置和取向也各不相同，这样就形成了一块多晶体金属。如果所有的结晶过程是依附于一个晶核完成的，那么就形成一块单晶体金属。

3. 纯金属结晶的过冷现象

在一定冷速条件下，通过热分析法，做出液态纯金属温度随时间变化的冷却曲线，如图4-3所示。从图中可见，在熔点 T_0 之前，金属的温度一直下降，但达到 T_0

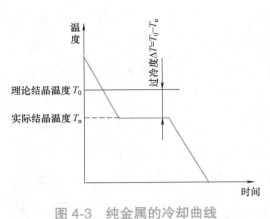

图 4-3　纯金属的冷却曲线

后并非立即结晶，只有继续冷却到低于 T_0 的某一温度 T_n 时才开始结晶，并保持温度 T_n 直到结晶结束后才会继续下降。T_0 称为理论结晶温度，T_n 称为实际结晶温度，$\Delta T = T_0 - T_n$ 称为过冷度。热分析试验表明，金属的结晶只有在过冷度 $\Delta T > 0$ 时才会进行，即过冷是金属结晶的必要条件。

过冷度的大小并不固定，它与冷却速度、金属的本性和纯度、液体体积等有关。对于同种金属，冷却速度越小、金属纯度越高、液体体积越小，过冷度就越小。但过冷度不可能无限小，对某一金属，过冷度有一最小值，若低于此值，结晶依然不能进行。

结晶过程伴随着潜热释放。当液态金属的温度达到结晶温度时，由于结晶潜热的释放，补偿了散失到周围环境的热量，所以在冷却曲线上出现了平台，平台延续的时间就是结晶过程所用的时间。

4. 晶粒的形成

以一个晶核形成长大的晶体称为一个晶粒。晶粒的形成可通过两种不同的方式：均匀形核和非均匀形核，又分别称为自发形核和非自发形核。

（1）均匀形核　过冷液体中存在的晶胚不断地从液态中得到原子和失去原子，从而引起体积的增大或减小。并不是所有的晶胚都能转变为晶核，只有当其尺寸等于或大于某一临界尺寸时，才能成为晶粒而稳定地存在并自发地长大，这种在一定过冷度条件下从液体中自发形成晶粒的方式即为自发形核。显然，对于某一固定纯度和体积的金属，要提高其形核率，最主要的方法是增加过冷度。一般来说，过冷度越大，液、固两相的自由能差 ΔG 也越大，均匀形核的概率就越高。但值得注意的是，过冷度不能太大，因为随着过冷度的增加，即温度的降低，会引起原子活动能力降低，减弱原子的扩散能力，反而不利于晶核的形成。在 $\Delta T = 0.2T$ 时，形核率剧增，此时的过冷度称为有效过冷度。有效过冷度是均匀形核的最理想形核温度。

（2）非均匀形核　均匀形核是一种理想形核情况，实际液体中总是或多或少地存在一些固态杂质颗粒，实际结晶晶胚常常依附在这些固态杂质颗粒的表面（包括模壁）上，以此为基底形核，这种形核方式称为非均匀形核。其实，杂质的存在常常能够促进形核，因为它减少了表面能的补偿，形核功较小时就能形核。正是由于非均匀形核的存在，才使得工业上金属结晶的过冷度大大减小。例如，纯铁如果按照均匀结晶方式形核，需要 295℃（即 $0.2T_m$）的过冷度；实际中由于杂质的存在，进行非均匀形核，在小于 20℃的过冷度下就能形核。当过冷度约为 $0.02T_m$ 时，非均匀形核的形核率达到最大值。

均匀形核是在液体中的任何位置等概率形核，而非均匀形核是晶粒依附现有固相生成的有择优位置的形核。实际液态金属结晶时，均匀形核和非均匀形核往往同时存在，但非均匀形核占主导作用。

5. 晶粒的生长

晶粒的表面存在固相和液相，两种相的原子相互移动。晶粒的生长就是液相原子移到固相中的原子数目多于固相原子中移到液相中的原子数目的结果。晶粒的生长形态与界面的微观结构有关，目前普遍认为，晶核液、固界面按照微观结构可分为粗糙界面和光滑界面。相应地，存在垂直长大和横向长大两种长大机制。

粗糙界面是指高低不平、存在厚度的几个原子间距的过渡层的液相界面。具有这种粗糙界面结构的物质，由液相向固相转移的原子都是等效的，长大过程其实就是液相原子向界面所有位置转移，使整个界面沿法线方向向液相推进，这种长大方式称为垂直长大机制或连续长大机制。

光滑界面是指液、固两相截然分开的界面。通常，这种界面从原子尺度来看是光滑的，但从宏观来看并不平整，而是呈台阶状。因而，其生长方式是液相原子首先在有台阶的地方不断添加到新台阶上，无台阶的地方在平整界面上先形成二维晶核，随后原子在二维晶核的侧面台阶上不断添加，这种长大方式称为横向长大机制或台阶长大机制。

6. 结晶后的晶粒大小及其控制

晶粒大小是金属组织的基本特征，通常用单位体积中晶粒的平均数目或晶粒的平均直径来表示。平均数目越多，平均直径越小，则晶粒越细。试验表明，在常温下，细晶粒的金属比粗晶粒有更高的强度、硬度、塑性和韧性等。因此，工业上常通过细化晶粒来提高材料的强度，这一方法叫作细晶强化。

细化晶粒一般通过提高形核率和减缓长大速率来实现，主要途径有三种。

（1）控制过冷度　过冷度增大，形核率和长大速率都增大，但形核率的增大倾向更强烈，对晶粒大小影响更大，因而可通过快速冷凝来达到结晶的目的。但增加过冷度会受到工件尺寸的影响，厚度和体积较大的工件难以达到目的；只有对小型薄壁工件，才能通过增大过冷度来增加强度。具体做法是尽量提高液态金属的冷却速度或采用低的浇注温度、降低铸型温度的升高速度。

（2）变质处理　在熔液结晶之前加入一些细小的形核剂（又称孕育剂或变质剂），使其分散在熔液中作为不均质形核时所需的基底，从而使形核率大大提高，达到细化晶粒的目的，这种处理方法称为变质处理或孕育处理。例如，往铝液中加入钛、硼，往钢液中加入钛、锆、钒，往铸铁中加入 Si-Ca 合金，都能细化晶粒。还存在另一种变质处理方式，加入的变质剂富集于界面处，对晶粒长大起阻碍作用，从而达到细化晶粒的目的。例如，将钠盐加入 Al-Si 液态合金中，降低长大速度，阻碍粗大片状硅晶体的形成。

（3）振动、搅拌、压力浇注　这类方法对细化铸态下的晶粒是行之有效的。其主要原理是一方面使成长的枝晶破碎，改善其均匀性；另一方面通过搅拌与振动向液体中输入额外的能量，促进形核。

7. 金属铸锭组织及缺陷

（1）铸锭的组织　将液态金属浇入锭模中，冷却凝固后便得到金属铸锭。由于金属在凝固时，表层与心部的结晶条件不同，铸锭的组织将是不均匀的。如图 4-4 所示，金属铸锭组织一般可以分为三个区：

图 4-4　铸锭的三个晶区示意图

表面细晶粒区　柱状晶粒区　中间等轴晶粒区

1）表面细晶粒区。液体金属刚注入锭模时，由于锭模温度较低，传热较快，造成很大的过冷度，因而晶核大量生成；同时，模壁还能起非自发形核作用，结果是在铸锭表面形成一层厚度不大的细晶粒区。

2）柱状晶粒区。在表面细晶粒区形成后，模壁温度升高，散热速度变慢，凝固的继续进行依靠细晶粒区中那些取向有利的晶粒向液体中生长。由于垂直于模壁的方向散热速度最快，这些晶体优先沿模壁法线方向向中心长大而形成柱状晶粒区。

3）中间等轴晶粒区。当柱状晶粒长大到一定程度时，中心部分的液体散热速度减慢，温度趋于均匀，杂质的聚集使生长速度变慢，表面晶粒的沉降、破碎或熔断枝晶成为新的晶核，并沿各个方向长大，形成中心等轴晶粒区。等轴晶粒区中的晶粒一般都比较粗大。

（2）铸锭的缺陷　在铸锭或铸件中经常存在一些缺陷，常见的缺陷有缩孔、缩松、气孔、偏析和夹杂等。

1）缩孔和缩松。大多数金属的液态密度小于固态密度，因此结晶时会发生体积收缩。金属收缩的结果是，原来填满铸型的液态金属凝固后不再能填满。此时，如果没有继续补充液体金属，就会出现收缩孔洞，称为缩孔。

缩孔分为集中缩孔和分散缩孔两类。集中缩孔是整个铸锭结晶时的体积收缩都集中到最后结晶部分，形成集中的收缩孔洞。分散缩孔又称为疏松，它是因为结晶时树枝晶的穿插和相互封锁作用，使一部分液体被孤立地分隔于各枝晶之间，凝固后形成分散的显微缩孔。

缩孔是一种重要的铸造缺陷，对材料性能影响很大，只能通过改变结晶时的冷却条件和铸锭的形状来控制其出现的部位及分布状况。

缩松是由于树枝晶长大时，各枝晶间液体没有得到补充而造成的。

2）气孔、偏析和夹杂。

气孔是指铸锭中因有气体析出而形成的孔洞。气孔分为两种：一种是溶于金属液体中的气体在冷却过程中析出而形成的孔洞，称为析出型气孔；另一种是金属液体中发生某种反应形成的气体保留在金属中而形成的孔洞，称为反应型气孔。

偏析是由铸锭内部化学成分不均匀造成的。

夹杂是指在金属中，与基体金属成分、结构都不相同的颗粒。工业金属材料中的夹杂分为两大类：一类是从炉膛、浇注系统或铸型中混入的外来夹杂；另一类是冶炼或凝固过程中内部反应生成的内生夹杂。夹杂和气孔都破坏了金属的连续性，使金属的性能变差。

扫一扫

合金的二元
相图

二、二元相图

为了对广泛使用的合金进行熔铸、锻压和热处理，必须首先了解它们的熔点和固态转变温度，并弄清楚它们的凝固过程及凝固后的相和组织结构。相图是描述系统的状态、温度、压力及成分之间关系的一种图解，又称为状态图或平衡图。利用相图，可以了解各种成分的材料在不同温度、压力下的相组成，多种相的成分与相对量及组织的变化规律等。因此，掌握和了解相图的基本知识及分析方法，对制订材料热加工工艺、分析和检测材料的性能以及研究开发新材等都有重要作用和指导意义。相图是进行材料研究，金相分析，制订热、铸、锻、焊等热加工工艺规范的重要依据和有效工具。由于在实际应用中，二元合金应用广泛，下面着重介绍二元相图的建立、基本类型及应用。

（一）二元相图的建立

相图的建立一般采用热分析法，其基本思路是先配制一系列不同成分的给定合金，绘制它们各自的冷却曲线，然后由冷却曲线上的临界点绘制相图。图 4-5 所示为用热分析法绘制的 Cu-Ni 二元合金相图。

具体绘制步骤为：①分别配制 w_{Ni}=100%、80%、60%、40%、20% 和 0% 的合金或纯金属；②分别用热分析法测定它们的冷却温度，并绘制各自的冷却曲线；③由冷却曲线找出转变临界点；④利用转变临界点，画温度—成分坐标，标定临界点；⑤连接具有相同意义的点，得到相图。

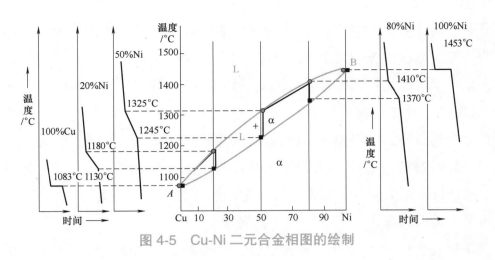

图 4-5　Cu-Ni 二元合金相图的绘制

（二）二元相图的基本类型

实际上，许多合金相图往往比较复杂，在一个相图中可能存在多个相转变，但建立相图的方法基本相似。复杂的相图可以看成是由几个基本的简单相图所组成的。下面介绍几种基本的二元相图。

1. 二元匀晶相图

两组元组成的合金系在液态下无限互溶，在固态下也能无限互溶，结晶时只析出单相固溶体组织，形成匀晶相图。从液态中结晶出单相固溶体的反应称为匀晶转变。具有这类相图的合金系有 Cu-Ni、Au-Ag、Au-Pt、Fe-Ni、W-Mo、Ti-Zr 等。而绝大多数二元合金凝固时，都会存在不断结晶出单相固溶体的过程，故绝大多数二元合金相图都含有匀晶转变相图部分。下面以 Cu-Ni 合金为例对匀晶相图进行分析。

（1）相图分析　图 4-6 所示为 Cu-Ni 二元合金匀晶相图。图 4-6a 中 A、B 两点分别代表 Cu 和 Ni 纯组元，对应的温度分别为 Cu、Ni 的熔点（1083℃和1453℃）；图中有两条曲线，其中 ALB 线称为液相线，其上每个点对应的温度为该成分合金在冷却时结晶开始或加热时熔化终止的温度；AαB 线称为固相线，其上每个点对应的温度为该成分合金在冷却时结晶终止或加热时熔化开始的温度。显然，液相线以上为液相区，固相线以下为固溶体相区，两线之间为固、液两相共存区，这三个区分别用"L""α"和"L+α"表示。由于纯 Ni 的熔点高于纯 Cu 的熔点，随着 w_{Ni} 的增大，液态合金结晶开始温度和终止温度也将随之上升，所以图中的液相线 ALB 和固相线 AαB 均呈现上升趋势。

（2）结晶过程　Cu-Ni 合金在结晶时，液相线以上为单相互溶液态，温度下降，成分不变。冷却至液相线上时，开始从液相中析出 α 固溶体，其镍含量高于原液相，温度继续下降时，固溶体逐渐增多，但固溶体中的镍含量会逐渐降低。当冷却到固相线时，液相全部转化为固相，结晶完毕。这样形成的固溶体极不均匀，先析出的固溶体镍含量高，后析出的固溶体镍含量低，因此，合金的结晶过程必须在极其缓慢的条件下进行，液、固相的原子才能进行充分扩散，使得合金中的液相和固相成分在不断变化的结晶过程中始终保持一致。如图4-6b所示，1点以上液体冷却；从1点开始凝固，固体成分在对应固相线处；在1点和2点之间，温度下降，液体量减少，固体量增加，成分沿固相线变化；到2点时，液体量为0，固体成分回到合金原始成分，凝固完成；2点以下固体冷却，无组织变化。

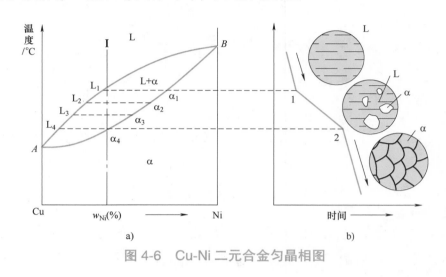

图4-6　Cu-Ni二元合金匀晶相图

2. 二元共晶相图

冷却时，在液态中同时结晶出两种不同固相的转变称为共晶转变。二元合金系中，两组元在液相时相互无限互溶、在固态时只能有限互溶或完全不互溶并发生共晶转变的相图，称为二元共晶相图。具有共晶相图的合金系有Pb-Sn、Pb-Sb、Al-Ag、Pb-Bi等。另外，一些硅酸盐也具有共晶相图，如Al_2O_3-ZrO_2。由于所表现出的优良铸造性能，许多共晶合金已被发展成一类新型的复合材料，成为工业上广泛应用的铸造材料。下面以Pb-Sn合金为例进行分析。

扫一扫

共晶反应

（1）相图分析　图4-7所示的Pb-Sn相图是一个典型的二元共晶相图。图中a、b分别表示Pb和Sn纯组元时的熔点（328℃和232℃）。

ad为α相液相线，bd为β相液相线，ac和be为固相线，cf、eg分别为Sn在α相中和Pb在β相中的溶解度线。

图中有三个单相区：液相区L、固相区α和固相区β。α相是以Pb为溶剂的固溶体，β相是以Sn为溶剂的固溶体。在单相区之间存在三个两相区：L+α、L+β和α+β。水平线cde表示L、α、β三相共存的共晶体，d点为共晶点，即在共晶温度183℃下，成分为w_{Sn}=61.9%的液相将恒温结晶出w_{Sn}=19.0%的α相和成分为w_{Sn}=97.5%的β相。

共晶转变的机械混合物称为共晶体，共晶点处对应的温度称为共晶温度。从图中还可看出，分别以Pb和Sn为基底的合金，其熔点会随溶质含量的增加而降低。

因而，两液相线 ad、bd 最终交汇于较低的 d 点，而不是一条单调上升或下降的液相线。

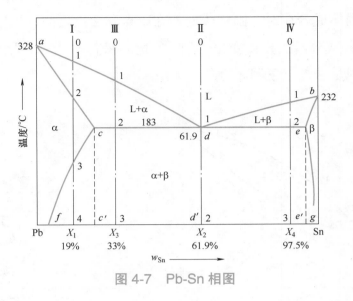

图 4-7　Pb-Sn 相图

（2）共晶系合金的结晶过程及组织　按照共晶反应的特征，共晶系合金一般可分为固溶体合金、亚共晶合金、共晶合金和过共晶合金四类。下面仍以 Pb-Sn 合金为例，来讨论共晶系合金的平衡结晶与组织情况。

1）固溶体合金。图 4-7 中的合金 Ⅰ（$w_{Sn}<19.0\%$）为固溶体合金。当合金 Ⅰ 从液态冷却到 1 点时，开始从液态中结晶出 α 固溶体；当温度下降到 2 点时，液相消失，全部形成 α 固溶体。由于原子扩散，温度在 2 点和 3 点之间时，α 相保持单一的均匀固溶体。冷却至 3 点时，碰到 α 相溶解度线，锡含量达到饱和。再降低温度时，将会从 α 固相中不断析出另一种细颗粒 β 固相，又称为次生 β 固溶体或二次 β 固溶体，用 $β_{Ⅱ}$ 表示。二次相一般在晶界或晶内缺陷处析出，由于是在固态中产生的，原子的扩散能力较弱，因而一般比较细小，甚至在显微镜下都不易观察到，因此固溶体合金的最终室温组织为 $α+β_{Ⅱ}$。合金 Ⅰ 在结晶过程中的反应为"匀晶反应 + 二次析出"。

2）共晶合金。图 4-7 中的合金 Ⅱ（$w_{Sn}=61.9\%$）为共晶合金。当合金 Ⅱ 从液态冷至共晶温度 183℃时，将发生恒温下的共晶转变

$$L_d \Longleftrightarrow α_c+β_e \tag{4-1}$$

成分为 $w_{Sn}=61.9\%$ 的液相直接结晶出成分为 $w_{Sn}=19.0\%$ 的 α 相和成分为 $w_{Sn}=97.5\%$ 的 β 相，这两种固溶体相组成均匀、致密的机械混合物，直至液相完全消耗完。继续冷却时，固溶体 $α_c$ 和 $β_e$ 的成分将分别沿 cf 和 eg 溶解度线变化，从而分别从 α 相和 β 相中析出二次相 $β_{Ⅱ}$ 和 $α_{Ⅱ}$。忽略二次相，共晶合金的最终室温组织为（α+β）。合金 Ⅱ 在结晶过程中的反应为"共晶反应 + 二次析出"。

3）亚共晶合金和过共晶合金。图 4-7 中的合金 Ⅲ（$w_{Sn}=19.0\%\sim61.9\%$）为亚共晶

合金。当合金 III 从液态冷却至 1 点时，开始从液态中匀晶析出初生 α 相。温度降至 2 点时，α 相成分达到 c 点（w_{Sn}=19.0%），液相成分沿液相线 ad 达到 d 点，并于 183℃ 下发生恒温共晶转变，生成共晶体（$α_c+β_e$）。合金组织由先析 α 固溶体与共晶体组成，即 $α_c+（α_c+β_e）$。温度继续降低时，由于 α 固溶体中 β 相的溶解度下降，故将从 α 固溶体（初生的和共晶的）中析出 $β_{II}$，直至达到室温才会停止。故亚共晶合金的室温平衡组织为 $α+（α+β）+β_{II}$。合金 III 在结晶过程中的反应为"匀晶反应 + 共晶反应 + 二次析出"。

图 4-7 中的合金 IV 为过共晶合金。它的平衡结晶过程与合金 III 的类似。所不同的是，其液态初生相为 β 相，而合金 III 为 α 相；其二次相从初生 β 相中析出，为 $α_{II}$，而合金 III 的二次相从初生 α 相中析出，为 $β_{II}$。因此，过共晶合金 IV 的最终室温组织为 $β+（α+β）+α_{II}$。

综上所述，Pb-Sn 二元合金结晶的产物可能只有 α 相和 β 相，它们称为相组成物。在不同的成分、不同的温度，甚至不同的冷却方式下，合金中 α 相和 β 相的组织特征不同，以 α、β、α+β 等形式存在，此时称它们为组织组成物。在显微镜下可以看到不同的相具有各自的特征，按照组织组成物填写的相图如图 4-8 所示。这样填写的合金组织与在显微镜下看到的金相组织是一致的。

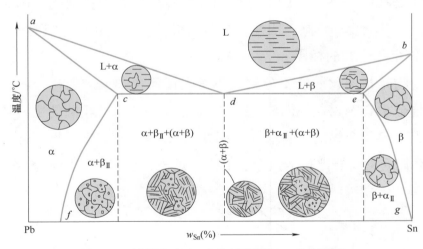

图 4-8 按照组织组成物填写的 Pb-Sn 相图

3. 二元包晶相图

在一定温度下，由一固定成分的液相与另一固定成分的固相作用，生成另一种固定成分的固相的反应，称为包晶转变。两组元在液态时无限互溶，在固态时有限互溶（或互不相溶），并发生包晶反应的二元系相图，称为包晶相图。具有包晶反应的二元合金系有 Pt-Ag、Sn-Pb、Cu-Sn、Cu-Zn 及某些二元陶瓷系，如 ZrO_2-CaO 等。

在图 4-9 所示的包晶相图中，ac 和 bc 为两液相线，与其对应的 ad 和 bp 为两固

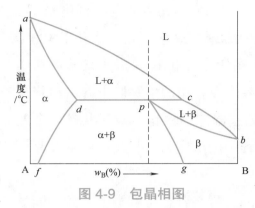

图 4-9　包晶相图

相线；*df* 和 *pg* 是固溶体 α、β 的溶解度随温度变化线；*dpc* 为包晶转变线。它们将相图分隔为三个单相区 L、α、β；三个双相区 L+α、L+β、α+β；一个三相区 L+α+β，即包晶转变线 *dpc*。

由于发生包晶反应时，新固相 $β_d$ 是依附在旧固相 $α_p$ 上生长的，随着 $β_d$ 的长大，$α_p$ 与液相 L_c 被隔离，而通过固态物质中原子扩散比较困难，因而包晶反应无法进一步进行，导致最终组织中存在成分不均匀的晶内偏析不平衡组织。包晶相图在工业上比较少见，因而在此对其结晶过程和最终组织不做详细分析。

4. 二元共析相图

一定成分的固相在某一温度下分解成两种化学成分和结构不相同的固相的反应称为共析反应。发生共析反应的二元合金的相图称为共析相图。图 4-10 所示为包含共析反应的二元相图。在一定温度下，成分为 *c* 点的 α 固相会在恒温下生成成分为 *d* 点的 β 固相和成分为 *e* 点的 γ 固相。

图中水平线 *dce* 称为共析线，*c* 点称为共析点，反应生成的机械混合物称为共析体。由于反应是在固态下进行的，转变温度低，反应原子扩散比较困难，易于达到较大过冷度，所以形核率较高。因此，与共晶组织相比，共析组织要细得多。

5. 形成稳定化合物的相图

稳定化合物是指熔化前既不分解也不发生任何化学反应的化合物。形成稳定化合物的二元合金系有 Mg-Si、Mn-Si、Fe-P、Cu-Sb 等。这类相图的主要特点是在相图中有一个代表稳定化合物的竖直线，如图 4-11 所示。稳定化合物可视为该合金中的一个组元，它们通常具有严格的成分、固定的熔点，在相图中用一条竖直线表示。

扫一扫

合金的二元
相图

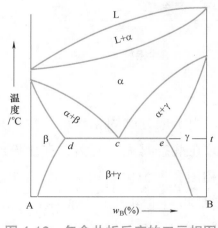

图 4-10　包含共析反应的二元相图

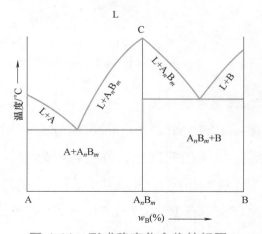

图 4-11　形成稳定化合物的相图

扫一扫

稳定化合物、
枝晶偏析、
杠杆定律

（三）杠杆定律和枝晶偏析现象

1. 杠杆定律

在合金的平衡组织中，各个相及组织的组成物可通过相图分析得到。而不同成分的相的相对量和组织的相对量也可通过杠杆定律计算求得。杠杆定律是指合金在某温度下两平衡相的质量比等于该温度下与各自相区距离较远的成分线段之比，如图 4-12 所示。设合金各相的质量分数和为 1，液相质量分数为 Q_L，固相质量分数为 Q_α，则

$$Q_L+Q_\alpha=1 \tag{4-2}$$

$$Q_L X_1+Q_\alpha X_2=X \tag{4-3}$$

联解式（4-2）和式（4-3）得

$$Q_L=\frac{X_2-X}{X_2-X_1} \qquad Q_\alpha=\frac{X-X_1}{X_2-X_1} \tag{4-4}$$

其中，X_2-X、X_2-X_1、$X-X_1$ 为相图中线段 XX_2（ob）、X_1X_2（ab）、X_1X（ao）的长度。杠杆的支点是合金两相质量分数与成分线段乘积相等的平衡点，杠杆的端点是所求两平衡相（或两组织组成物）的质量分数。

2. 枝晶偏析现象

在实际生产条件下，一般不可能实现平衡结晶。由于冷却速度较快，即使液相中原子扩散来得及，固相中却来不及扩散，以至于固溶体先结晶的中心与后结晶部分成分不同，称为晶内偏析。又因金属的结晶多以枝晶方式长大，所以这种偏析多数呈树枝状，先结晶的枝轴与后结晶的枝间成分不同，所以称为枝晶偏析，如图 4-13 所示。

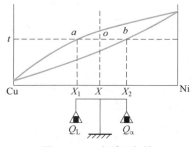

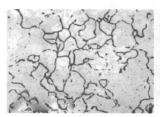

a) 平衡组织　　　　　b) 枝晶偏析组织

图 4-12　杠杆定律　　　图 4-13　Cu-30%Ni 合金的平衡组织与枝晶偏析组织

枝晶偏析的存在将影响合金的性能，因此在生产中通常把具有晶内偏析的合金加热到高温（低于固相线）并进行长时间保温，使合金进行充分的扩散，以消除枝晶偏析。这种处理方法称为扩散退火或均匀化。

（四）合金的结晶

合金的结晶遵循纯金属结晶的一般规律，即要求液相中存在一定过冷度，结晶

过程同样要经历形核与长大两个阶段。但由于合金本身成分的原因，其结晶过程比纯金属更为复杂，与纯金属的结晶存在差异，主要表现在成分与温度不均匀分布，溶质原子要在液、固相中发生重新分配。

1. 合金结晶时的相变化

纯金属结晶时，从液相中只析出一种固相，其固态只由一种相构成。合金结晶时，液相中可能析出两种相或多种相，即使只析出一种相，这种相也不会是单一的纯金属，而是含有多组元的固溶体。合金组元数越多，结晶过程的相变化越多，结晶越复杂。共晶合金在结晶时，常常会析出两种固相，这两种固相成分相差很大，而且继续冷却时，常常会在先析相中又析出次生相，这些次生相与共晶体中的同类相合并在一起，难以在显微镜下分辨。包晶合金凝固时，先从液相中析出一种固相，在一定条件下，这种固相又与液相生成另一种固相。

2. 合金结晶时的成分变化

合金开始结晶时，由于溶质原子在液、固两态中的含量分配不同，会造成相界面处的液体与其他液体存在浓度上的不均匀性，而且先后析出的固相也存在浓度上的差别。这种成分不均匀分布的偏析现象会导致材料性能的不均匀性，会给生产及应用带来许多不良后果。

如果结晶速度很缓慢且长时间保持较高温度，溶质原子可通过固、液两相之间，液相内部以及固相内部进行扩散来消除成分上的不均匀分布。但在实际生产中，当合金凝固时，由于受凝固速度的影响，通常忽略固相中溶质的扩散，仅考虑液体中溶质原子的扩散与液体对流现象。

利用合金的分配特性，人们发明了区域熔炼技术，对合金进行提纯，即将已制备的金属试棒分区熔化并重新凝固。该技术主要是应用单相合金水平铸模的定向凝固可在一侧获得浓度较低的纯化结果的原理，目前已成为硅、锗等半导体材料提纯的有效方法。

3. 合金结晶过程中的成分过冷

纯金属具有理论凝固温度，即熔点 T_0，当实际温度低于 T_0 时就开始引起过冷，这种过冷现象称为热温过冷，它取决于液、固相界面前沿液体中的温度分布情况。对单相合金而言，液态合金无固定的平衡凝固温度，凝固温度随成分的改变而改变，由于溶质在液、固相界面处于局部平衡状态，故凝固温度的变化由液相成分决定。合金结晶时，界面前沿液体的实际温度低于由溶质分布所决定的凝固温度而产生的过冷称为成分过冷，它主要取决于凝固时界面前沿液体浓度与温度的分布情况。合金溶质浓度越低，液体中溶质的扩散系数越大，凝固速度越慢，实际温度梯度越大，则产生成分过冷的倾向越小。

三、铁碳合金

铁碳合金是以铁、碳为主要成分的合金，其中铁的质量分数大于95%。人类已涉足许多金属材料领域的研究，铁碳合金是人类社会迄今为止应用最广泛、研究最透彻的金属材料。铁碳合金按碳含量不同又可分为碳钢和铸铁，碳钢中碳的质量分数为0.0218%~2.11%，铸铁中碳的质量分数为2.11%~6.69%。铁碳合金相图是进行铁碳合金研究的重要指导工具和依据，它利用图解方法表示铁碳合金系中相的状态、组织与成分、温度之间的关系（压力恒定）。掌握铁碳合金相图，对钢铁材料的金相分析、热处理工艺的制订、铁碳合金的进一步开发与研究都有十分重要的指导意义。

（一）铁碳合金中铁与碳的存在形式

1. 铁的存在形式

纯铁在固态时随温度不同会发生晶格类型的转变，这种在固态下随温度的变化由一种晶格转变为另一种晶格的现象称为同素异构（或同素异晶）转变。纯铁具有三种同素异构状态：δ-Fe、γ-Fe和α-Fe。冷却时，液态铁在1538℃结晶为δ-Fe；在1394℃下，δ-Fe转变为γ-Fe。纯铁的冷却曲线及晶体结构变化如图4-14所示。

应指出，在770℃时，α-Fe会发生磁性转变，即A_2转变，高温时为顺磁性状态，低温时为铁磁性状态。转变点称为铁的居里点，或称A_2点。

C在α-Fe中的固溶体称为铁素体，常用α或大写英文字母F表示。C在高温下溶入δ-Fe中的固溶体称为δ铁素体。C在γ-Fe中的固溶体称为奥氏体，常用γ或大写英文字母A表示。铁素体和奥氏体是铁碳相图中两种非常重要的基本相。

铁素体的溶碳能力比奥氏体低得多。铁素体的最大溶碳量为0.0218%[质量分数（下同），于727℃]，在室温下溶碳能力更低，为0.001%以下，δ铁素体于1495℃的最大溶碳量为0.09%，而奥氏体的最大溶碳量为2.11%（于1148℃）。

铁素体的性能和纯铁相似，具有较高的塑性和韧性、较低的硬度和强度，居里点也是770℃。奥氏体的塑性较好，但它具有顺磁性。

2. 碳的存在形式

C在铁碳合金中有三种存在形式：C溶于Fe

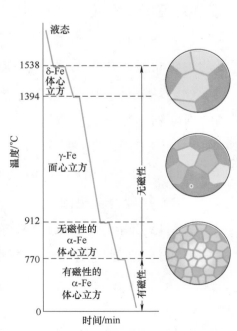

图4-14　纯铁的冷却曲线及晶体结构变化

的不同晶格中形成固溶体；C 与 Fe 形成金属化合物，即渗碳体；C 以游离态的石墨存在于合金中。

（1）渗碳体　在铁碳合金中，碳含量往往会超出铁的溶解限度。超出溶解限度的碳一般以渗碳体形式存在。渗碳体是一种具有复杂结构的铁碳间隙化合物，w_C=6.69%，一般用"Fe_3C"表示。

渗碳体具有很高的硬度，约为 800HBW，其塑性几乎为零，是一种硬而脆的间隙化合物，其理论熔点为 1227℃。230℃是渗碳体的磁性转变温度，又称为 A_0 转变。在 230℃以下，渗碳体具有一定铁磁性，但当温度超过 230℃时，渗碳体的铁磁性将基本消失。

（2）石墨　铸铁组织中，在条件适当的情况下，超出溶解限制的碳原子还会以石墨单质状态存在。有时，石墨形式的单质状态是由亚稳态化合物渗碳体在高温和长时间保温条件下分解而成的：$Fe_3C \rightarrow 3Fe+C$（石墨）。

石墨具有简单的六方点阵结构，每个碳原子与相邻的三个碳原子以较强的共价键相结合，而各层之间以分子间力相结合。故石墨往往表现出低硬度（3~5HBW）、低塑性、低抗拉强度，但具有较好的润滑性。

3. 铁碳合金的基本组织

（1）铁素体　用符号"F"表示，是碳溶于 α-Fe 所形成的间隙固溶体，体心立方晶格，韧性很好（因含 C 少），强度、硬度不高。

（2）奥氏体　用符号"A"表示，是碳溶于 γ-Fe 所形成的间隙固溶体，面心立方晶格，强度、硬度不高，塑性优良。

（3）渗碳体　用符号"Fe_3C"表示，是 Fe 与 C 的间隙化合物，w_C=6.69%，晶格复杂，硬而脆，几乎无塑性，230℃以下呈铁磁性。

（4）珠光体　用符号"P"表示，是由铁素体和渗碳体组成的多相组织，具有较高的强度和塑性，硬度适中。

（5）莱氏体　用符号"Ld"或"Ld′"表示。w_C=4.3% 的液态铁碳合金冷却到 1184℃时，同时结晶出奥氏体和渗碳体的多相组织，硬度高、塑性差。

（二）铁碳合金相图

图 4-15 所示为 $Fe-Fe_3C$（铁碳合金）相图。相图中各特征点的温度和碳含量及意义见表 4-1。需要说明的是，图 4-15 中各特征点的符号是国际通用的固定字母，不得更换。

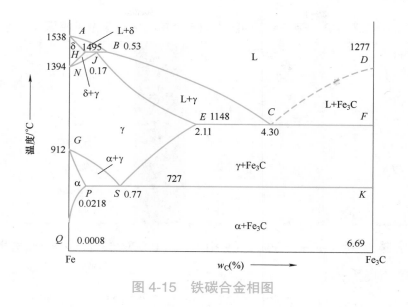

图 4-15　铁碳合金相图

表 4-1　铁碳合金状态图中的特性点介绍

符号	温度/℃	w_C（%）	说　明
A	1538	0	纯铁的熔点
B	1495	0.53	包晶转变时液态合金的成分
C	1148	4.30	共晶点
D	1227	6.69	渗碳体的熔点
E	1148	2.11	碳在 γ-Fe 中的最大溶解度
F	1148	6.69	渗碳体的成分
G	912	0	α-Fe$\leftrightarrow\gamma$-Fe 的转变温度（A_3）
H	1495	0.09	碳在 δ-Fe 中的最大溶解度
J	1495	0.17	包晶点
K	727	6.69	渗碳体的成分
N	1394	0	γ-Fe$\leftrightarrow\delta$-Fe 的转变温度（A_4）
P	727	0.0218	碳在 α-Fe 中的最大溶解度
S	727	0.77	共析点（A_1）
Q	室温	0.0008	室温时，碳在 α-Fe 中的溶解度

相图中的液相线为 $ABCD$，固相线为 $AHJECF$。整个相图包括 5 个单相区、7 个两相区，见表 4-2。

Fe-Fe$_3$C 相图中有三条三相平衡水平线，在这三条水平线上发生三个等温反应：包晶反应、共晶反应和共析反应，即整个相图由包晶、共晶和共析三个相图组成。

（1）HJB 线　w_C=0.09%~0.53% 的铁碳合金在 1495℃于 HJB 水平线将发生包晶反应，反应式为

$$L_B+\delta_H \xrightarrow{1495℃} A_J \qquad (4-5)$$

表 4-2　Fe-Fe₃C 相图中的 5 个单相区与 7 个两相区

	相区	说明		相区	说明
5个单相区	ABCD 以上	液相区（L）	7个两相区	ABJHA	L+δ
	AHNA	δ 固溶体区（δ）		BCEJB	L+γ
	NJESGN	奥氏体区（A 或 γ）		CDFC	L+Fe₃C
	GPQG	铁素体区（F 或 α）		HJNH	δ+γ
	DFK	渗碳体区（Fe₃C 或 Cₘ）		GSPG	α+γ
				ECFKSE	γ+Fe₃C
				QPSK 以下	α+Fe₃C

发生包晶转变时，w_C=0.53% 的液相与 w_C=0.09% 的 δ 铁素体发生反应，生成 w_C=0.17% 的单相奥氏体。

（2）ECF 线　w_C=2.11%~6.69% 的铁碳合金在 1148℃ 于 ECF 水平线将发生共晶反应，反应式为

$$L_C \xrightleftharpoons{1148℃} A_E + Fe_3C \tag{4-6}$$

发生共晶转变时，w_C=4.3% 的液相发生反应，转变为由 w_C=2.11% 的奥氏体与渗碳体组成的两相共晶体。这种共晶转变形成的奥氏体与渗碳体组成的混合物称为莱氏体，用符号 Ld 表示。

（3）PSK 线　又称为 A_1 线。w_C=0.0218%~6.69% 的铁碳合金在 727℃ 于 PSK 水平线将发生共析反应，反应式为

$$A_S \xrightleftharpoons{727℃} F_P + Fe_3C \tag{4-7}$$

发生共析转变时，w_C=0.77% 的奥氏体转变为由 w_C=0.0218% 的铁素体和渗碳体组成的两相共析体。这种共析转变形成的铁素体与渗碳体组成的混合物，称为珠光体，用符号 P 表示。

另外，除三条水平线外，铁碳合金相图中还存在两条非常重要的特性曲线，即 GS 线和 ES 线，它们是两条固态转变线，分别称为 A_3 线和 A_{cm} 线，在钢的热处理过程中，具有非常重要的意义。

从以上特征线可以看出，其中四条线所对应的转变过程中有渗碳体析出；根据渗碳体析出来源不同，可将其分为一次渗碳体（Fe₃C_I，从液相中析出）、二次渗碳体（Fe₃C_II，从奥氏体中析出）、三次渗碳体（Fe₃C_III，从铁素体中析出）、共晶渗碳体和共析渗碳体，它们分别对应于 CD 转变、ES 转变、PQ 转变、ECF 转变（即共晶转变）和 PK 转变（即共析转变）。

在铁碳合金相图中，按照碳含量不同，或按照有无共晶转变来区分碳钢和铸铁。w_C>2.11% 的铁碳合金经高温冷却时可发生共晶转变，生成莱氏体组织，称为铸铁。w_C=0.0218%~2.11% 的铁碳合金经高温冷却时生成的单相奥氏体会发生共析转变，生

成珠光体组织，称为碳钢。$w_C<0.0218\%$ 的铁碳合金称为工业纯铁。

扫一扫

铁碳合金的
结晶过程

（三）铁碳合金的结晶过程及组织

为方便起见，除纯铁外，通常将铁碳合金分为碳钢和铸铁两大类，而根据组织特征及碳含量不同，又可进一步划分为七种类型，见表4-3。

表4-3 七种典型铁碳合金对比

铁碳合金	w_C（%）	组织成分	相成分
工业纯铁	0~0.0218	F+ 少量 Fe_3C_{III}	$F+Fe_3C$
亚共析钢	0.0218~0.77	F+P	$F+Fe_3C$
共析钢	0.77	P	$F+Fe_3C$
过共析钢	0.77~2.11	$P+Fe_3C_{II}$	$F+Fe_3C$
亚共晶白口铁	2.11~4.30	$Ld'+ P+Fe_3C_{II}$	$F+Fe_3C$
共晶白口铁	4.30	Ld′	$F+Fe_3C$
过共晶白口铁	4.30~6.69	$Ld'+ Fe_3C_I$	$F+Fe_3C$

为研究方便，选取了七种典型的铁碳合金进行结晶过程及组织分析。所选合金成分大致如图4-16所示。

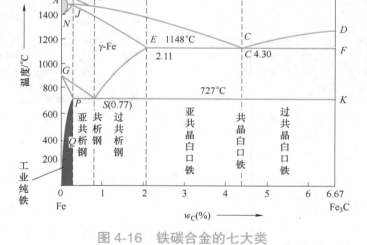

图4-16 铁碳合金的七大类

下面具体分析每种铁碳合金的平衡结晶过程与组织成分。

1. 工业纯铁（$w_C=0$~0.0218%）

工业纯铁的结晶要经过匀晶反应（析出δ铁素体）、同素异构转变（析出奥氏体A）、同素异构转变（析出铁素体F）、二次析出（析出 Fe_3C_{III}）四个过程，其室温组织为 $F+Fe_3C_{III}$，如图4-17所示。

2. 共析钢（$w_C=0.77\%$）

共析钢的结晶要经过匀晶反应（析出奥氏体A）和共析反应（形成珠光体P）两

扫一扫

铁碳合金的
结晶过程
控制

个过程，其室温组织为 P，如图 4-18 所示。

图 4-17 工业纯铁的室温组织（F+Fe₃C_Ⅲ）

图 4-18 共析钢的室温组织（P）

3. 亚共析钢（w_C=0.0218%~0.77%）

亚共析钢的结晶要经过匀晶反应（析出 δ 铁素体）、包晶反应（得到奥氏体 A）、匀晶反应（析出奥氏体 A）、同素异构转变（析出铁素体 F）、共析反应（得到珠光体 P）五个过程，其室温组织为 F+P，如图 4-19 所示。

4. 过共析钢（w_C=0.77%~2.11%）

过共析钢的结晶要经过匀晶反应（析出奥氏体 A）、二次析出（析出 Fe₃C_Ⅱ）、共析反应（得到珠光体 P）三个过程，其室温组织为 P+Fe₃C_Ⅱ，如图 4-20 所示。

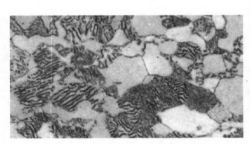

图 4-19 亚共析钢的室温组织（F+P）

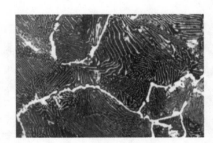

图 4-20 过共析钢的室温组织（P+Fe₃C_Ⅱ）

5. 共晶白口铁（w_C=4.30%）

共晶白口铁的结晶要经过共晶反应（得到莱氏体 Ld）、二次析出（析出 Fe₃C_Ⅱ）、共析反应（得到珠光体 P）三个过程，其室温组织为莱氏体 Ld′，即室温莱氏体，它是高温下共晶反应产物冷却到室温的组织，如图 4-21 所示。

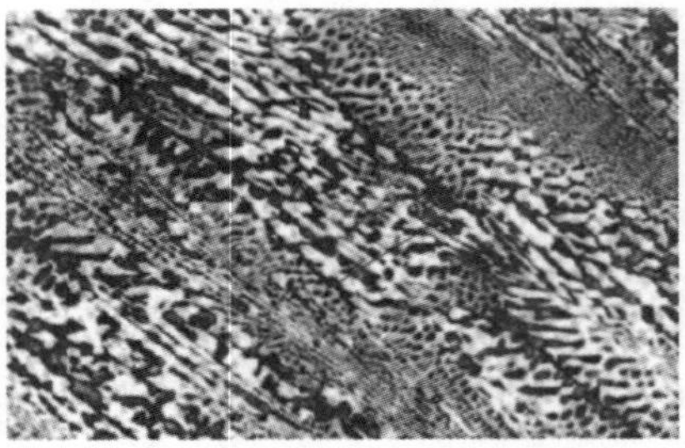

6. 亚共晶白口铁（w_C=2.11%~4.30%）

亚共晶白口铁的结晶要经过匀晶反应（析出奥氏体 A）、共晶反应（得到莱氏体 Ld）、二次析出（析出 Fe₃C_Ⅱ）、共析反应（得到珠光体 P）四个过程，其室温组织为 P+Fe₃C_Ⅱ+Ld′，如图 4-22 所示。

图 4-21 共晶白口铁的显微组织

7. 过共晶白口铁（$w_C = 4.30\% \sim 6.69\%$）

过共晶白口铁的结晶要经过匀晶反应（析出 Fe_3C_I）、共晶反应（得到莱氏体 Ld）、二次析出（析出 Fe_3C_{II}）、共析反应（得到珠光体 P）四个过程，其室温组织为 $Ld'+Fe_3C_{II}$，如图 4-23 所示。

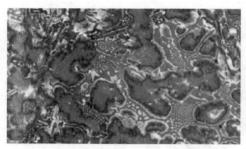

图 4-22 亚共晶白口铁的显微组织

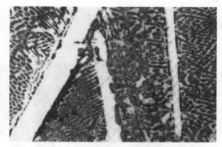

图 4-23 过共晶白口铁的显微组织

（四）室温组织的计算

在相图中，室温下各组织的相对量一般可通过杠杆定律计算求出。下面以 $w_C = 0.40\%$ 的亚共析钢为例，说明室温组织的计算方法。亚共析钢的室温平衡组织由先共析铁素体和珠光体组成，组织组成物（铁素体碳含量以 $w_C = 0$ 计）相对量的计算公式为

$$w_F = \frac{0.77 - 0.40}{0.77 - 0} \times 100\% = 48.1\% \tag{4-8}$$

$$w_P = \frac{0.40 - 0}{0.77 - 0} \times 100\% = 51.9\% \tag{4-9}$$

当然，组织组成物中的 w_P 也可以通过 $w_P = 1 - w_F$ 求得。

反之，根据金相组织中珠光体或先共析铁素体面积的百分数，也可估算出亚共析钢中的碳含量，即

由

$$w_F = \frac{0.77\% - w_C}{0.77\% - 0} \times 100\% = 48.1\% \tag{4-10}$$

得 $\qquad w_C = 0.40\%$。

四、钢铁的冶炼

通过高炉炼铁、铸铁锭模生产铸铁件；通过转炉炼钢、平炉炼钢、电炉炼钢等生产钢件，如图 4-24 所示。

炼铁是在高温下，将 CO 气体通入 Fe_2O_3、Fe_3O_4、FeO、Fe 中发生还原反应得到生铁的过程。生铁通过氧化反应，去除硫、磷等杂质得到钢。根据冶炼过程的不同，钢分为镇静钢（killed steel）、沸腾钢（boiling steel）和半镇静钢（balanced steel）。镇

静钢的钢液在浇注前用锰铁、硅铁和铝进行了充分脱氧，$w_0 \approx 0.01\%$，成分较均匀、组织较致密，主要用于力学性能要求较高的零件；沸腾钢的钢液在浇注前仅进行了轻度脱氧，$w_0 = 0.03\% \sim 0.07\%$，成分偏析较严重、组织不致密，力学性能不均匀，冲击韧性差，常用于要求不高的零件；半镇静钢是脱氧过程介于镇静钢和沸腾钢之间的钢，用锰铁和硅铁进行脱氧，其质量分数也介于二者之间，可代替部分镇静钢，一般不适合做重要零件。

a) 平炉炼钢　　　　　　　　b) 转炉炼钢　　　　　　　　c) 电炉炼钢

图 4-24　钢铁的冶炼

任务实施

一、观看微课：金属的结晶；合金的二元相图；铁碳合金的结晶过程及其控制

金属的结晶　　　合金的二元相图　　　铁碳合金的结晶过程　　　铁碳合金的结晶过程控制

记录纯金属的结晶过程，晶粒大小对金属性能的影响，细晶强化的概念，如何进行细晶强化，常见二元相图的种类及其结晶过程，铁碳合金相图，铁碳合金的室温平衡组织，钢铁的冶炼方法等。

二、完成课前测试

1. 判断题

（1）金属结晶的微观过程包括四个步骤。　　　　　　　　　　　　　（　　　）

（2）在一定温度下，由成分一定的固相同时析出两种成分一定且不相同的新固相的转变，称为共析转变。　　　　　　　　　　　　　　　　（　　　）

2. 选择题

（1）晶粒尺寸减小，金属材料的（　　　）。

A. 强度增加，硬度增大，塑性减弱，韧性增强

B. 强度增加，硬度增大，塑性增强，韧性增强

C. 强度减小，硬度增大，塑性增强，韧性增强

D. 强度增加，硬度减小，塑性增强，韧性增强

（2）细化晶粒的方法有（　　　）。

A. 控制过冷度　　　　B. 振动　　　　　　　C. 搅拌　　　　　　　　D. 变质处理

（3）下列关于杠杆定律的说法错误的是（　　　）。

A. 杠杆定律是指合金在某温度下两平衡相的质量比等于该温度下与各自相区距离较远的成分线段之比

B. 杠杆定律只适用于两相区，可用于确定两平衡相的相对质量

C. 杠杆的支点是合金的成分，杠杆的端点是所求的两平衡相（或两组织组成物）的成分

D. 杠杆的支点是所求的两平衡相（或两组织组成物）的成分，杠杆的端点是合金的成分

（4）二元合金相图的基本类型有（　　　）。

A. 匀晶相图　　　　B. 共晶相图　　　　　C. 包晶相图　　　　　D. 共析相图

三、任务准备

实施本任务所使用的设备和材料见表4-4。

表4-4　实施本任务所使用的设备和材料

序号	分类	名称	型号规格	数量	单位	备注
1	设备	显微镜	宝视德 88-55008	6	台	
2	材料	45 钢	标准样品	10	套	
		T8 钢	标准样品	10	套	
		共晶白口铸铁	标准样品	10	套	
		亚共晶白口铸铁	标准样品	10	套	
		过共晶白口铸铁	标准样品	10	套	

四、以小组为单位完成任务

在教师的指导下，完成相关知识点的学习，并完成任务决策计划单（表4-5）和任务实施单（表4-6）。

表 4-5　任务决策计划单

制定工作计划 （小组讨论、咨询教师，将下述内容填写完整）		
观察微观组织	操作步骤：	
	分工情况：	
	需要的设备和工具：	
	注意事项：	

表 4-6　任务实施单

小组名称		任务名称	
成员姓名	实施情况		得分
小组成果（附照片）			

检查测评

对任务实施情况进行检查，并将结果填入表 4-7 中。

表 4-7　任务测评表

序号	主要内容	考核要求	评分标准	配分	扣分	得分
1	课前测试	完成课前测试	平台系统自动统计测试分数	20		
2	观看微课	完成视频观看	1）未观看视频扣 20 分 2）观看 10%~50%，扣 15 分 3）观看 50%~80%，扣 5 分 4）观看 80%~99%，扣 3 分	20		
3	任务实施	完成任务实施	1）未参与任务实施，扣 60 分 2）完成一个样品的测试，得 20 分，依次累加，至少测试三组数据	60		
合计						
开始时间：			结束时间：			

思考训练题

一、选择题

1. 下列关于杠杆定律说法错误的是（　　　）。

A. 杠杆定律是指合金在某温度下两平衡相的质量比等于该温度下与各自相区距离较远的成分线段之比

B. 杠杆定律只适用于两相区，确定两平衡相的相对重量

C. 杠杆的支点是合金的成分，杠杆的端点是所求的两平衡相（或两组织组成物）的成分

D. 杠杆的支点是所求的两平衡相（或两组织组成物）的成分，杠杆的端点是合金的成分

2. 二元合金相图的基本类型有二元合金的（　　　）。

A. 匀晶相图　　　　　B. 共晶相图　　　　　C. 包晶相图　　　　　D. 共析相图

3. 共析钢的结晶过程为（　　　）

A. 匀晶反应（析出奥氏体 A）→二次析出（析出 Fe_3C_{II}）→共析反应（析出珠光体 P）

B. 匀晶反应（析出奥氏体 A）→同素异构转变（析出珠光体 P）

C. 共晶反应（析出莱氏体 Ld）→二次析出（析出 Fe_3C_{II}）→共析反应（析出珠光体 P）

D. 匀晶反应（析出奥氏体 A）→共晶反应（析出莱氏体 Ld）→二次析出（析出 Fe_3C_{II}）→二次析出（析出珠光体 P）

4. 根据铁碳合金中碳含量、室温组织成分和相成分的不同，铁碳合金可分为（　　　）。

A. 工业纯铁、合金

B. 亚共析钢、共析钢、过共析钢

C. 亚共晶白口铁、共晶白口铁、过共晶白口铁

D. 铁素体、奥氏体、珠光体

5. 铁碳合金的基本组织包括（　　　）。

A. 铁素体 F　　　　　B. 奥氏体 A　　　　　C. 渗碳体 Fe_3C　　　　　D. 珠光体 P 和莱氏体 Ld

二、判断题

在一定温度下，由成分一定的固相同时析出两种成分一定且不相同的新固相的转变，称为共析转变。　　　　　　　　　　　　　　　　　　　　　　　　　　　　（　　　）

三、简答题

1. 什么是结晶？

2. 简述结晶的微观过程。

3. 什么是过冷现象？什么是过冷度？

4. 简述晶核的形成过程及形核方式。

5. 什么是细晶强化？包括哪些方法？

6. 铸锭的缺陷有哪些？各有什么特点？

7. 什么是合金的相图？有何作用？

8. 如何建立二元合金的相图？

9. 二元合金相图的基本类型有哪些？描述各类型相图的金相反应。

10. 什么是铁碳合金？包括哪些类型？

11. 铁碳合金的基本组织包括哪些？各有什么特点？

12. 列举铁碳合金相图中的单相区、两相区和三相区。

13. 根据铁碳合金中碳含量、室温组织成分和相成分的不同，铁碳合金分为哪几类？碳的质量分数分别是多少？

14. 简述工业纯铁的结晶过程。

15. 简述亚共析钢的结晶过程。

16. 简述共析钢的结晶过程。

17. 简述过共析钢的结晶过程。

18. 简述亚共晶白口铸铁的结晶过程。

19. 简述共晶白口铸铁的结晶过程。

20. 简述过共晶白口铸铁的结晶过程。

任务二　金属的塑性变形与加工

学习目标

知识目标：1. 描述材料的加工工艺。

2. 列举金属塑性成形的种类。

3. 解释塑性变形中组织及性能的变化。

4. 阐述金属的回复与再结晶的概念。

5. 列举钢的普通热处理方法。

能力目标：1. 能根据材料和产品要求合理选择加工工艺。

2. 能分析金属的回复与再结晶对金属性能的影响。

3. 能制订钢的普通热处理工艺。

素养目标：通过分析金属塑性变形加工对组织及性能的影响，建立材料加工过程重要性的意识。

工作任务

金属材料通过一定的加工工艺才能形成构件或设备。金属材料的成形加工分为冷加工和热加工。冷加工包括冲压、冷锻、冷挤压与机械加工，而热加工包括铸造、热锻、热压、焊接与热处理。

本次任务的主要内容：使用小型轧制机对铜进行轧制，观察其轧制前后的组织变化，并进行对比分析；使用小型热处理炉进行钢的热处理，并测量热处理前后的硬度，进行对比分析。

 相关知识

一、材料加工工艺

材料加工工艺又称材料成形技术，是金属液态成形、焊接、塑性加工、激光加工及快速成形、热处理及表面改性等各种成形技术的总称。工件的最终微观组织及性能受控于成形制造方法与过程，采用先进的成形制造技术，不但可以获得无缺陷工件，而且能够控制、改善或提高工件的最终使用特性。

金属加工工艺包括塑性成形、铸造成形和锻造成形等。

二、金属的塑性成形

扫一扫

金属的塑性
变形加工

金属的一个重要特性是塑性，利用塑性可以对金属进行轧制、挤压、锻造和冲压等各种压力加工，生产各种零件或零件的毛坯。金属在这些加工中经历了塑性变形。

金属的塑性成形是指金属材料在一定的外力作用下，产生塑性变形，获得所需的形状、尺寸、组织和力学性能的加工方法，也称塑性加工或压力加工。其材料利用率高、所得产品力学性能好、尺寸精度高、生产率高，但所需模具成本高，不适合加工脆性材料和形状复杂件。

金属块的塑性成形包括轧制、挤压、拉拔和锻造，金属板的塑性成形包括冲裁、落料、弯曲和拉伸。

1. 轧制

轧制是将金属坯料通过一对旋转轧辊的间隙（各种形状），因受轧辊的压缩使材料截面减小、长度增加的压力加工方法，如图 4-25 所示，这是最常用的钢材生产方式之一，可以用来生产型材、板材和管材。按轧制方向不同，可分为横轧、纵轧和斜轧。按轧制温度不同，可分为冷轧和热轧。冷轧用于成形线材、板材，产品表面质量好；热轧可以轧制截面尺寸较大的

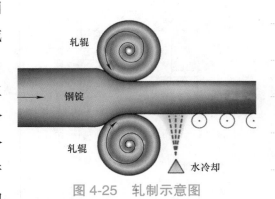

图 4-25　轧制示意图

产品,如图4-26所示。

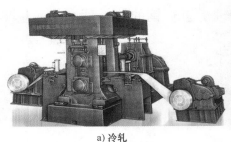

a) 冷轧   b) 热轧

图4-26 冷轧和热轧

2. 挤压

挤压是在大截面金属坯料的后端施加一定的压力,使金属坯料通过一定形状和尺寸的模孔而产生塑性变形,以获得符合模孔截面形状的小截面坯料或零件的塑性成形方法。如图4-27所示,坯料3放在挤压筒2内,在凸模1向右的挤压力作用下,坯料通过挤压模4产生塑性变形而得到产品。

挤压分为正挤压、反挤压、复合挤压和径向挤压。图4-27所示为正挤压,是指挤压力方向与金属流动方向一致;当挤压力方向与金属流动方向相反时,形成反挤压,如图4-28a所示,挤压力向右,金属向左流动;复合挤压是指一部分金属的流动方向与挤压力相同,另一部分相反,如图4-28b所示;径向挤压是指挤压力方向与金属流动方向垂直,如图4-28c所示。

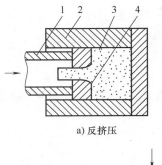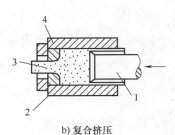

a) 反挤压   b) 复合挤压

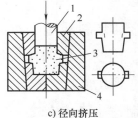

c) 径向挤压

图4-27 挤压成形示意图(正挤压)   图4-28 挤压类型

1—凸模 2—挤压筒 3—坯料 4—挤压模   1—凸模 2—挤压筒 3—坯料 4—挤压模

3. 拉拔

拉拔是指在金属坯料的前端施加一定的拉力,使金属坯料通过模孔而产生塑性变形，以获得符合与模孔形状、尺寸相同的小截面坯料或零件的塑性成形方法，如图 4-29 所示，可拉拔实心件和空心件。拉拔所需工具、设备简单，成形产品尺寸精度高、表面质量好，能连续高速生产截面小的长制品，但总变形量有限、拉拔长度受限制。

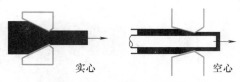

图 4-29　拉拔示意图

4. 锻造

锻造是一种利用锻压机械对金属坯料施加压力，使其产生塑性变形以获得具有一定力学性能、形状和尺寸的锻件的加工方法。如图 4-30 所示，锻造分为自由锻和模锻，自由锻类似于打铁，坯料变形空间不受限制；模锻是将坯料放于模具中进行锻压。锻造能消除金属在冶炼过程中产生的铸态疏松等缺陷，优化微观组织结构，同时由于保存了完整的金属流线，锻件的力学性能一般优于同种材料的铸件。

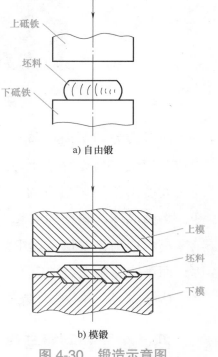

a) 自由锻

b) 模锻

图 4-30　锻造示意图

扫一扫

塑性变形对金属结构的影响

三、塑性变形中组织及性能的变化

1. 塑性变形对金属组织结构的影响

在力的作用下，金属材料产生塑性变形，随着塑性变形的增加，不仅材料外形会发生变化，其内部的晶粒形状也会相应地被拉长或压扁，成为纤维状组织，使金属性能产生各向异性，通常沿纤维方向的强度和塑性大于垂直于纤维方向的强度和塑性。

塑性变形还会使晶粒内部的亚结构发生变化，使晶粒破碎成亚晶粒。

当金属的变形量很大时，由于晶体的转动，多晶体中原为任意取向的各个晶粒会逐渐调整其取向而彼此趋于一致，从而使金属性能产生各向异性。这种由于塑性变形而使晶粒具有择优取向的组织称为形变织构。晶粒沿形变方向被拉长，成为纤维状；对于夹杂物和第二相，塑性好的被拉长，塑性差的将破裂，如图 4-31 所示。

2. 塑性变形对金属性能的影响

在塑性变形过程中，随着内部组织的变化，金属的性能也将产生变化。随着变形程度的增加，金属的强度、硬度提高，而塑性、韧性下降，这一现象称为加工硬化或形变强化。

3. 塑性变形的残余内应力

金属在塑性变形时，外力所做的功大部分转化为热能，但尚有小部分（约 10%）

保留在金属内部，形成残余内应力。

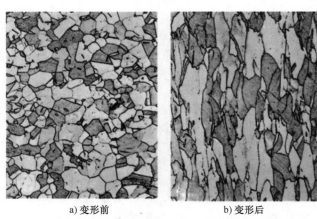

a) 变形前   b) 变形后

图 4-31   塑性变形前后组织的变化

内应力分为三类：第一类内应力又称宏观内应力，是由金属表层与心部变形不一致造成的，所以存在于表层与心部之间；第二类内应力又称微观内应力，是由晶粒之间变形不均匀造成的，所以存在于晶粒与晶粒之间；第三类内应力又称点阵畸变，是由晶体缺陷增加引起点阵畸变增大而造成的内应力，所以存在于晶体缺陷中。第三类内应力是变形金属中的主要内应力（占 90% 以上），因而是金属强化的主要原因；而第一、第二类内应力都使金属的强度降低。

残余应力会导致金属断裂、膨胀和变形，因此金属冷变形处于一种不稳定状态。

四、金属的回复与再结晶

扫一扫

金属的回复
与再结晶

金属材料在冷变形加工以后，为了消除残余应力或恢复其某些性能，如提高塑性、韧性，降低硬度等，一般要对其进行加热处理。对冷变形金属加热，使原子扩散能力增加，金属将发生回复和再结晶过程。

1. 回复

回复是指对冷变形金属加热时，在光学微观组织发生改变前（即再结晶晶粒形成前）所产生的某些亚结构和性能的变化过程。当加热温度不太高时，原子扩散能力较弱，从微观组织上看不出任何变化，与此相应的，变形金属的力学性能也没有明显变化，但内应力显著降低。

在工业生产中，利用冷变形金属的回复现象，可以将已经加工硬化的金属在较低的温度下加热，使其内应力基本消除，同时又保持了强化的力学性能，这一过程叫作去应力退火。例如，冷拔钢丝制品在制成以后都要进行一次 250~300℃ 的低温加热，以消除内应力而使其定型。为了消除金属经塑性变形后引起的组织、结构和性能的变化，可以通过加热使金属发生回复和再结晶，恢复和改善其性能。

2. 再结晶

冷变形金属加热到一定温度之后，在原来的变形组织中重新产生了无畸变的新晶粒，性能也发生了明显的变化，并恢复到完全软化状态，这个过程称为再结晶。

再结晶的驱动力是预先冷变形所产生的储存能，随着储存能的释放，应变能也逐渐降低。新的无畸变等轴晶粒的形成及长大，使金属在热力学上变得更加稳定。再结晶过程也是一个形核和长大的过程，它是以破碎晶粒中无畸变的小晶块为核心并长大的。由此可见，再结晶并不是一个相变过程，没有新相产生。再结晶前后新、旧晶粒的晶格类型和成分完全相同，不同的只是再结晶后因塑性变形而造成的各种晶体缺陷减少、内应力消失。

把冷变形金属加热到再结晶温度以上，使其发生再结晶的处理过程称为再结晶退火。生产中，采用再结晶退火来消除经冷变形加工产品的加工硬化和各向异性，提高其塑性。在冷变形加工过程中，有时也进行再结晶退火，这是为了恢复材料的塑性，以便于继续加工。

为了保证金属性能，必须正确制订再结晶退火工艺，控制再结晶温度和再结晶后的晶粒大小。

一般把再结晶温度定义为：经过严重冷变形（变形度在 70% 以上）的金属，保温 1h 能够完成再结晶（转变量 >95%）的温度。随条件不同，再结晶温度可在一个较宽的范围内变化。试验表明，金属的再结晶温度与其熔点的经验关系为

$$T_{再} \approx 0.4 T_{熔} \tag{4-11}$$

其中，$T_{再}$、$T_{熔}$ 均为热力学温度。由式（4-11）可以看出，金属的熔点越高，其再结晶温度也越高。

再结晶退火温度和变形度对再结晶后晶粒的大小有直接影响。再结晶退火温度越高，原子扩散能力越强，晶粒就越大。当变形度很小时，变形驱动力不够，不足以引起再结晶。当变形度达到 2%~10% 时，只有少数晶粒变形，因此再结晶的晶核较少，晶粒相互吞并长大得到粗大的晶粒，这种变形度称为临界变形度。工程上一般应避免在临界变形度范围内进行压力加工。大于临界变形度之后，发生变形的晶粒越来越多，变形越来越均匀，因此再结晶的晶核增多，再结晶后的晶粒细化。

五、金属的热加工

1. 热加工与冷加工的区别

在工业生产中，热加工通常是指将金属材料加热至高温进行锻造、热轧等的压力加工过程。由于金属在高温下强度、硬度低，而塑性、韧性好，在高温下对金属进行加工比在低温下容易，因此生产中有冷、热加工之分。

从金属学的角度来看，所谓热加工，是指在再结晶温度以上进行的加工过程；在再结晶温度以下进行的加工过程则称为冷加工。例如，铅的再结晶温度低于室温，因此在室温下对铅进行塑性加工属于热加工；而钨的再结晶温度约为1200℃，所以即使在1000℃拉制钨丝也属于冷加工。

由于热加工是在再结晶温度以上的塑性变形过程，所以因塑性变形引起的硬化过程和由回复再结晶引起的软化过程几乎同时存在。由此可见，在热加工过程中，金属内部同时进行着加工硬化与回复再结晶软化两个相反的过程，塑性变形所产生的加工硬化将很快被再结晶产生的软化所抵消。

2. 热加工对金属组织和性能的影响

热加工虽然不能引起加工硬化，但它能使金属的组织和性能发生显著的变化。

（1）改善铸锭组织　热加工可使铸态组织缺陷得到改善。例如，热加工可使大部分气泡、疏松得到焊合，使材料的致密度增大；可以改善夹杂物与脆性相的形态、大小及分布；可以部分消除枝晶偏析；还可将粗大的柱状晶和树枝晶砸碎而形成细小均匀的晶粒。

（2）热加工流线　在热加工过程中，铸锭中的粗大枝晶和各种夹杂物都要沿变形方向伸长，这样会使枝晶间富集的杂质和非金属夹杂物的走向逐渐与变形方向一致，一些脆性夹杂物如氧化物、碳化物、氮化物等破碎成链状，塑性夹杂物如MnS等则变成条带状、线状或片层状，在微观试样上沿着变形方向变成一条条细线，这就是热加工中的流线。由一条条流线勾划出来的组织，叫作纤维组织。

纤维组织的出现，将使金属的性能呈现各向异性。顺纤维方向具有较好的力学性能，而垂直于流线方向的性能则较差，特别是塑性和韧性表现得更加明显。

（3）带状组织　复相合金中的各个相，在热加工时沿着变形方向交替地呈带状分布，这种组织称为带状组织。带状组织不仅会降低金属的强度，还会降低塑性和冲击韧性，对力学性能极为不利。轻微的带状组织可以通过热处理来消除。

六、金属的热处理

热处理是改善金属材料使用性能和加工性能的一种非常重要的工艺方法。金属材料经过热处理，可以提高制品质量、延长使用寿命、改善加工性能，是金属零件的一种非常重要的加工方法，工业上大多数重要的零部件都必须经过热处理。

金属的热处理通常是指将金属在一定的介质中加热、保温和冷却，以改变其整体或表面组织，从而获得所需性能的一种工艺过程。本节主要以钢为例介绍热处理的基本组织和工艺。

扫一扫

钢的普通热处理

1. 热处理工艺的基本要素

热处理工艺有三大基本要素：加热、保温和冷却。这三大基本要素决定了材料热处理后的组织和性能。

1）加热是热处理的第一道工序。不同的材料，其加热工艺和加热温度都不同。加热分为两种：一种是在临界点 A_1 以下进行加热，此时不发生组织变化；另一种是在 A_1 以上进行加热，目的是获得均匀的奥氏体组织，这一过程称为奥氏体化。

2）保温的目的是保证工件烧透，防止脱碳、氧化等。保温时间和介质的选择与工件的尺寸及材质有直接的关系。一般工件越大，导热性越差，保温时间就越长。

3）冷却是热处理的最终工序，也是热处理中最重要的工序。钢在不同冷却速度下可以转变为不同的组织。

2. 热处理组织

热处理之所以能够有效地改变钢的性能，主要是由于钢在加热、保温和冷却过程中，其内部组织发生了一系列规律性转变。其中，冷却速度是决定钢的最终组织的重要工艺环节。根据冷却速度的不同，可得到珠光体、贝氏体和马氏体三种不同的热处理组织。

（1）珠光体　当冷却速度很缓慢或转变温度较高时（一般在 500℃ 以上），转变产物为珠光体组织，记为 P。

珠光体是铁素体与渗碳体的机械混合物，渗碳体呈层片状或粒状分布在铁素体基体上。在珠光体中，渗碳体片层间距是决定珠光体性能的关键因素，一般把片层间距小的珠光体称为索氏体（记为 S）或托氏体（记为 T）。珠光体片层间距越小，力学性能越好。如果渗碳体呈粒状分布，则塑性、韧性提高，但硬度下降。

（2）贝氏体　过冷奥氏体在 550℃ ~Ms（马氏体转变开始温度）发生的转变称为中温转变，其转变产物为贝氏体，所以也称贝氏体转变。贝氏体用符号 B 表示，它也是由铁素体与渗碳体组成的机械混合物，但其形貌和渗碳体的分布与珠光体不同，硬度比珠光体高。

贝氏体根据组织形态和形成温度区间的不同，又可分为上贝氏体（$B_上$）与下贝氏体（$B_下$）。上贝氏体的形成温度为 550~350℃，它的硬度比同样成分的下贝氏体低，韧性比下贝氏体差，所以上贝氏体的力学性能很差、脆性很大、强度很低，基本上没有实用价值。下贝氏体的形成温度为 350℃ ~Ms，它有较高的强度和硬度，还有良好的塑性和韧性，具有较优良的综合力学性能，是生产中常用的组织。获得下贝氏体组织是强化钢材的途径之一。

（3）马氏体　钢从奥氏体状态快速冷却，来不及扩散分解而发生无扩散型的相变，转变产物为马氏体，记为 M。

马氏体是含过饱和碳的固溶体。根据马氏体组织在显微镜下的形状，又可分为板条马氏体和针状（或片状）马氏体。$w_C < 0.3\%$ 时，一般是板条马氏体；而 $w_C > 1.0\%$ 时，则基本上都是针状马氏体。马氏体的硬度很高，但脆性也很大，一般板条马氏体的强度和韧性均较好，在生产中得到了多方面的应用；而针状马氏体硬度虽然很高，但韧性很差，一般不能直接在生产中应用。

3. 热处理工艺

常用热处理工艺一般称为"四火"处理，即退火、正火、淬火和回火。

（1）退火与正火　将钢加热到适当的温度，保温一定的时间，然后缓慢冷却，一般是随加热炉一起冷却，以获得接近平衡状态组织的热处理工艺称为退火。它的主要目的是清除铸造、轧制、锻造、焊接等造成的异常组织，使化学成分均匀，消除内应力，细化组织，降低硬度和改善切削加工性能。退火一般得到接近平衡状态的组织。

正火是将钢材或钢件加热到临界温度以上，保温后空冷的热处理工艺。正火的主要目的是消除过共析钢中的网状二次渗碳体，改善切削加工性能，提高钢的性能等。正火与退火的主要区别在于冷却速度不同。正火是在空气中自然冷却，冷却速度较快，得到的珠光体组织很细，因而强度和硬度较高。正火后获得的珠光体一般为片层间距较小的索氏体，其强度和硬度都较高，韧性也较好。

（2）淬火与回火　将钢加热到临界温度以上，保温一定时间后快速冷却，使奥氏体转变为马氏体的热处理工艺称为淬火。马氏体强化是钢的主要强化手段，因此，淬火的目的就是获得马氏体，提高钢的力学性能。淬火是钢的一种重要热处理工艺，也是热处理中应用最广泛的工艺之一。

扫一扫

T8 钢淬火
实验

回火一般是紧接淬火以后的热处理工艺，它是淬火后再将工件加热到临界温度以下的某一温度，保温后再冷却到室温的一种热处理工艺。淬火后的钢铁工件处于高的内应力状态，不能直接使用，必须及时回火，否则会有工件断裂的危险。

回火的目的在于降低或消除内应力，以防止工件开裂和变形；减少或消除残留奥氏体，以稳定工件尺寸；调整工件的内部组织和性能，以满足使用要求。

回火工艺主要有：①低温回火，得到回火马氏体，强度较高，常用于工具钢的热处理；②中温回火，得到回火托氏体，强度高、韧性好，常用于弹簧钢的热处理；③高温回火，得到回火索氏体，强度高，韧性、综合性能好，通常把淬火 + 高温回火的热处理工艺称为调质处理，常用于主轴和连杆类零件的热处理。

任务实施

一、观看微课：金属的塑性变形加工；钢的普通热处理

记录什么是材料的加工工艺、金属塑性成形的种类、各种成形方法的特点、塑性变形中组织及性能的变化、金属的回复与再结晶、钢的普通热处理方法等。

二、完成课前测试

1. 判断题

（1）拉拔是一种塑性成形方法。　　　　　　　　　　　　　　（　　）

（2）挤压分为上挤压和下挤压。　　　　　　　　　　　　　　（　　）

2. 选择题

（1）机器生产的一般过程包括（　　　）。

A. 设计　　　　　B. 毛坯　　　　　C. 加工　　　　　D. 装配

（2）金属的塑性成形包括（　　　）。

A. 轧制　　　　　B. 挤压　　　　　C. 拉拔　　　　　D. 冲裁

三、任务准备

实施本任务所使用的设备和材料见表 4-8 所示。

表 4-8　实施本任务所使用的设备和材料

序号	分类	名称	型号规格	数量	单位	备注
1	设备	轧制机	DS10	6	台	
2		热处理炉	SG-JSL	6	台	
3		显微镜	宝视德 88-55008	6	台	
4	材料	铜片	标准样品	10	套	
5		45 钢	标准样品	10	套	
6		T8 钢	标准样品	10	套	

四、以小组为单位完成任务

在教师的指导下，完成相关知识点的学习，并完成任务决策计划单（表 4-9）和任务实施单（表4-10）。

表4-9　任务决策计划单

制定工作计划 （小组讨论、咨询教师，将下述内容填写完整）	
轧制成形	操作步骤：
	分工情况：
	需要的设备和工具：
	注意事项：

表4-10　任务实施单

小组名称		任务名称	
成员姓名	实施情况		得分
小组成果（附照片）			

 检查测评

对任务实施情况进行检查，并将结果填入表4-11中。

表4-11　任务测评表

序号	主要内容	考核要求	评分标准	配分	扣分	得分
1	课前测试	完成课前测试	平台系统自动统计测试分数	20		
2	观看微课	完成视频观看	1）未观看视频扣20分 2）观看10%~50%，扣15分 3）观看50%~80%，扣5分 4）观看80%~99%，扣3分	20		
3	任务实施	完成任务实施	1）未参与任务实施，扣60分 2）完成一个材料轧制，得20分，依次累加，至少做三组试验	60		
合计						
开始时间：			结束时间：			

思考训练题

一、填空题

1. 机器生产的一般过程为_____、_____、_____、_____。

2. 金属塑性成形包括_____、_____、_____、_____、_____、_____、_____、_____。

3. 生产钢材最常用的方式是_____、_____、_____、_____。

4. 形变织构包括_____和_____。

二、判断题

1. 锻造能消除金属在冶炼过程中产生的铸态疏松等缺陷，优化微观组织结构，同时由于保存了完整的金属流线，锻件的力学性能一般优于同样材料的铸件。（　　）

2. 塑性变形会产生加工硬化和残余应力。（　　）

三、简答题

1. 什么是材料的加工工艺？有何特点？

2. 什么是金属的塑性成形？有何特点？

3. 金属的塑性成形工艺有哪些？

4. 什么是轧制？包括哪些类型？

5. 什么是挤压？包括哪些类型？

6. 什么是拉拔？包括哪些类型？

7. 什么是锻造？包括哪些类型？

8. 塑性变形中组织会发生什么变化？

9. 什么是形变织构？其成因是什么？

10. 什么是加工硬化？

11. 简述金属的回复与再结晶过程。

任务三　陶瓷的制备

学习目标

知识目标：描述陶瓷的制备方法及步骤。

能力目标：能小组合作完成简单的陶器制备。

素养目标：了解中国景德镇五代白瓷烧造的工艺，建立民族自豪感。

工作任务

瓷器是我国古代劳动人民的重要发明之一，是其智慧和力量的结晶。景德镇陶瓷始于汉代，五代时的景德镇是南方最早烧造白瓷之地。陶瓷是如何制备的呢？

本次任务的主要内容：利用黏土等粉料，通过成型、烧结，制备出简单的陶器或瓷器。

扫一扫

陶瓷的制备

相关知识

陶瓷的制备主要采取粉末成型烧结工艺，即由其粉末原料经加压成型后，直接在固相或大部分固相下烧结而成，其具体生产制备过程可能各不相同，但都要经过制粉、成型与烧结三个阶段。

一、制粉

陶瓷的制粉对烧结有着十分重要的作用。粉末颗粒越小，表面积就越大，烧结时进行固相扩散的迁移界面增加，越容易扩散，材料越致密，可使制件成为具有一定强度的整体。

当采用高纯度可控的人工合成粉状化合物做原料时，制粉的主要任务是制备出成分、纯度、粒度均达到要求的粒状化合物。制备微粉的方法有很多，如图 4-32 所示，主要分为两大类：机械研磨法和化学法。

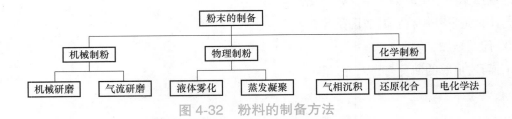

图 4-32　粉料的制备方法

机械研磨法的一般过程是：将所需的材料用机械球磨方法粉碎，混合好后再煅烧，直至相互间完全发生反应；将烧结得到的固相再次球磨至要求的粒度备用。机械研磨法在工业生产上容易实现，但不适用于精粉的制造，因为该法易引入杂质，而且所制的粉末粒度有限。

化学法通过化学方法使组分均匀混合，并制得细颗粒粉料。其主要原理是使起始组元溶解于溶液或气体中，再通过蒸发溶剂使溶质析出或通过各组分之间发生反应沉淀出溶剂。

二、成型

成型是将粉末材料通过一定方法转变成具有一定形状体积的素坯（又称生坯）的过程，如图 4-33 所示。成型方法有很多，依粉末自身性质及制件要求来选择，主要有以下几类。

图 4-33　成型

（1）压制法　又称粉料成型法，它是将含有一定水分和添加剂的粉料在金属模中利用高压压制成型，与粉末冶金成型方法相同。用压制法制备的素坯质量较高，密度均匀、无缺陷，致密度较高，为后续的烧结工艺创造了有利的条件。

冷等静压成型是现代发展起来的新型压制成型方法，它是将粉料装入塑性模具后密封，然后放入盛有液体的高压容器内进行压制，这种方法的成型致密度高。

（2）可塑法　此方法是在坯料中加入水或相应的塑化剂，调成具有良好塑性的料团，再通过挤压成型或车坯成型，制成规定形状尺寸的素坯。

（3）注浆法　此方法是先把坯料加入水或塑化剂调成浆料，然后再注入模具中成型。

三、烧结

烧结是将成型后的素坯加热至高温（有时伴有加压），并保持足够长的时间，使素坯中堆积起来的颗粒发生物质扩散，清除空隙，使其增加强度的过程，如图 4-34 所示。烧结过程中通常会发生一系列的物理化学变化，并可能伴有体积收缩、水蒸发的现象，最终会生成更致密、更坚硬、具有某种微观结构的烧结体。

图 4-34　烧结

常见的烧结方法有热压烧结、热等静压法、无压烧结法、液相烧结法、反应烧结法。

（1）热压烧结法（HP）　同时加温加压的烧结方法。热压烧结法的主要优点是气孔率低、致密度高，而且由于进行了适当加压，可降低烧结温度。

（2）热等静压法（HIP）　热等静压法综合了冷等静压法、热压烧结法和无压烧结法三者的优点。与冷等静压法不同的是，高压容器中的介质由液体换成了氩气，同时，样品表层需要加一层不透气且易变形的包套。

（3）无压烧结法　在不抽真空也不加保护气的大气中直接进行烧结的方法，适合烧结氧化物陶瓷。

 任务实施

一、观看微课：陶瓷的制备

记录陶瓷材料的制备方法、制备过程及注意事项。

陶瓷的制备

二、完成课前测试

陶瓷的制备过程包括（　　　）。

A. 原料预处理／粉料制备

B. 成型

C. 烧结

D. 切削

三、任务准备

实施本任务所使用的设备和材料见表 4-12。

表 4-12　实施本任务所使用的设备和材料

序号	分类	名称	数量	单位	备注
1		粉料研磨机	3	台	
2	设备	滚压成型机	3	台	
3		烧结炉	3	台	
4	材料	陶瓷粉料原料	10	套	

四、以小组为单位完成任务

在教师的指导下，完成相关知识点的学习，并完成任务决策计划单（表 4-13）和任务实施单（表 4-14）。

表 4-13 任务决策计划单

制定工作计划 （小组讨论、咨询教师，将下述内容填写完整）	
陶瓷的制备	操作步骤：
	分工情况：
	需要的设备和工具：
	注意事项：

表 4-14 任务实施单

小组名称		任务名称	
成员姓名	实施情况		得分
小组成果 （附照片）			

检查测评

对任务实施情况进行检查，并将结果填入表 4-15 中。

表 4-15 任务测评表

序号	主要内容	考核要求	评分标准	配分	扣分	得分
1	课前测试	完成课前测试	平台系统自动统计测试分数	20		
2	观看微课	完成视频观看	1）未观看视频扣 20 分 2）观看 10%~50%，扣 15 分 3）观看 50%~80%，扣 5 分 4）观看 80%~99%，扣 3 分	20		
3	任务实施	完成任务实施	1）未参与任务实施，扣 60 分 2）完成粉末的制备，得 20 分 3）完成粉末成型，得 20 分 4）完成粉末烧结，得 20 分	60		
合计						
开始时间：			结束时间：			

思考训练题

一、选择题

1. 粉末的制备方法有（　　　）。

A. 机械制粉　　　　B. 物理制粉　　　　C. 化学制粉　　　　D. 热压制粉

2. 陶瓷的成型方法有（　　　）。

A. 干法成型　　　　B. 湿法成型　　　　C. 快速无模成型　　　　D. 吹塑成型

二、判断题

热压烧结的烧结温度更高，烧结时间更长。　　　　　　　　　　　　　（　　　）

三、简答题

1. 陶瓷的制备包括哪些步骤？

2. 陶瓷制备中粉料的制备方法有哪些？

3. 陶瓷的常用烧结方法有哪些？

任务四　高分子材料的合成

 学习目标

知识目标：描述高分子材料合成的常用反应方法。

能力目标：能小组合作完成低密度聚乙烯的合成。

素养目标：了解神舟九号飞船上使用的高分子材料，建立民族自豪感。

 工作任务

2012 年，神舟九号飞船发射升空，这艘载人宇宙飞船上航天员所穿的航天服是用涂有氯丁橡胶的锦纶织物制成气密层，而氯丁橡胶和锦纶都是高分子化合物。如何合成高分子化合物？

本次任务的主要内容：利用低分子乙烯聚合成低密度聚乙烯。

 相关知识

高分子聚合物的相对分子质量虽然很大，但是它的组成一般都比较简单——由某些简单的、相对分子质量小的单体通过聚合反应合成。按照反应机制，可将聚合反应分为链式聚合反应和逐步聚合反应。链式聚合反应由链引发、链增大、链转移、链终止等基元反应组成。它通过形成的活性单体完成，单体彼此间不直接反应。逐步聚合反应是通过一系列单体的相互反应的官能团间的反应逐步实现的。

根据单体和聚合物之间组成的差异，又可将其分为加聚反应和缩聚反应。加聚反应绝大多数是链式聚合反应，缩聚反应绝大多数是逐步聚合反应，所以可将连锁聚合反应和加聚反应、逐步聚合反应和缩聚反应看作一致的概念。

扫一扫

加聚反应和
缩聚反应

一、加聚反应

加聚反应是指由一种或多种单体相互加成而连接成聚合物的反应，其生成物称为加聚物。在一定条件下，如光照、加热或化学药品处理等引发作用，就可以把参加聚合反应单体的双键打开，这样，第一个分子和第二个分子连接，第二个分子和第三个分子连接……最终形成一条大分子链，所以称为加聚反应，如氯乙烯加聚反应生成聚氯乙烯。

参加加聚反应的单体可以是一种，也可以是两种或多种。一种单体通过加聚反应生成高聚物的反应称为均聚反应；而两种或两种以上单体通过加聚反应生成高聚物的反应称为共聚反应。

由一种单体经加聚反应生成的高分子聚合物称为均聚物，如聚乙烯、聚苯乙烯、聚氯乙烯、聚丙烯、聚四氟乙烯等。由两种或两种以上的单体经过加聚反应生成的高分子聚合物称为共聚物，它能有效地改善均聚物某些性能的不足。共聚物与均聚物在一定程度上类似于金属材料中合金和纯金属的关系。许多常用的高分子材料都是共聚物，如 ABS 工程塑料由丙烯腈（A）、丁二烯（B）和苯乙烯（S）三种单体加聚而成，所以是共聚物。

加聚反应的主要特点：①反应一旦开始，就进行得很快，直到形成最后产物为止，中间不能停在某一阶段上，也得不到中间产物；②链节的化学结构与单体结构相同；③没有小分子副产物生成。

一般，凡是带有双链的有机化合物原则上都可以发生加聚反应。加聚反应是目前高分子合成工业的基础，约有 80% 的高分子材料是由加聚反应得到的，如合成橡胶等。

二、缩聚反应

缩聚反应是指由一种或多种单体相互混合而连接成聚合物，同时析出某种低分子物质（如水、氨、醇、卤化氢等）的反应，其生成物称为缩聚物。与加聚反应一样，由一种或两种以上单体进行的缩聚反应称为共缩聚反应。

缩聚反应的主要特点是：①由若干个聚合反应构成，是逐步进行的，反应可以停在某一阶段，可以得到中间产物；②缩聚产物链节的化学结构与单体的不完全相同；③缩聚过程中总是有小分子副产物析出。

虽然缩聚反应目前在高分子合成工业中占的比例不如加聚反应那么高，但从原理上讲，所有已知的聚合物都可由缩聚反应制备，如酚醛树脂、环氧树脂、聚酰胺、有机硅树脂以及其他一些工程塑料等都是用缩聚反应合成的。

缩聚反应在高分子合成工业中占有重要地位。一些性能优良的工程塑料及耐热聚合物，如聚对苯二甲酸乙二酯（也称的确良或涤纶）就是由对苯二甲酸和乙二醇经缩聚反应生成的。其他如聚碳酸酯、聚砜、聚酸亚胺、酚醛树脂（电木）、环氧树脂等都是通过缩聚反应制得的。

 任务实施

一、观看微课：高分子材料的合成

记录什么是加聚反应，什么是缩聚反应，说出加聚反应和缩聚反应的异同点。

高分子材料的合成

二、完成课前测试

单体通过_____反应得到聚合物。

三、任务准备

实施本任务所使用的设备和材料见表 4-16。

表 4-16　实施本任务所使用的设备和材料

序号	分类	名称	数量	单位	备注
1	设备	流化床反应器	3	台	
2	材料	乙烯单体	10	套	

四、以小组为单位完成任务

在教师的指导下，完成相关知识点的学习，并完成任务决策计划单（表 4-17）和任务实施单（表 4-18）。

表 4-17　任务决策计划单

制定工作计划	
(小组讨论、咨询教师，将下述内容填写完整)	
高分子材料的合成	操作步骤：
	分工情况：
	需要的设备和工具：
	注意事项：

表 4-18　任务实施单

小组名称		任务名称	
成员姓名	实施情况		得分
小组成果 (附照片)			

 ### 检查测评

对任务实施情况进行检查，并将结果填入表 4-19 中。

表 4-19　任务测评表

序号	主要内容	考 核 要 求	评 分 标 准	配分	扣分	得分
1	课前测试	完成课前测试	平台系统自动统计测试分数	20		
2	观看微课	完成视频观看	1) 未观看视频扣 20 分 2) 观看 10%~50%，扣 15 分 3) 观看 50%~80%，扣 5 分 4) 观看 80%~99%，扣 3 分	20		
3	任务实施	完成任务实施	1) 未参与任务实施，扣 60 分 2) 完成一组反应，得 20 分，依次累加，至少做三组试验	60		
合计						
开始时间：			结束时间：			

思考训练题

一、选择题

单体来源于（　　　）。

A. 天然气　　　　　　B. 石油　　　　　　C. 煤炭　　　　　　D. 塑料

二、填空题

聚合反应按单体和聚合物之间组成的差异分为＿＿＿＿和＿＿＿＿。

三、判断题

加聚反应有小分子副产物析出。　　　　　　　　　　　　　　　　　　（　　　）

四、简答题

1. 高分子材料的常用合成方法有哪些？

2. 什么是加聚反应？什么是缩聚反应？它们有什么异同点？

项目五　认识常用材料

情景导入

　　不管是材料的成分与结构，还是材料的制备与加工，最终都要服务于材料的使用性能。材料与国民经济的各行各业息息相关，如图 5-1 所示，航空航天装备、海洋工程装备、工程机械、军工产品等产品的进步和创新都离不开性能优良的材料的开发。只有认识了常用材料，知道各种材料的用途和应用范围，才能正确地选用材料，并进行材料的制备、开发与创新设计。

a) 航空航天装备

b) 海洋工程装备

c) 工程机械

d) 军工产品

图 5-1　对性能优良材料的需求

任务一　认识常用金属材料

学习目标

知识目标：1. 列举常用钢的分类与牌号。

2. 列举常用铸铁的分类与牌号。

3. 列举常用有色金属及其合金的种类。

能力目标：1. 能合理地选用钢铁材料。

2. 能合理地选用铸铁。

3. 能合理地选用有色金属及其合金。

素养目标：感受材料魅力，建立对学科的热爱。

工作任务

金属材料是人类文明发展和社会进步重要的物质基础。石器时代之后的青铜器时代和铁器时代都是以金属材料为其时代划分的显著标志。青铜器如后母戊大方鼎、四羊方尊、越王勾践剑等，铁器如钱币、刀剑、铁制农具等，极大地推动了人类文明的进步和生产力的发展。近半个世纪以来，高分子材料、无机非金属材料以及各种各样的复合材料得到了很大的发展，但金属材料在材料工业中一直占据着绝对优势，在将来很长一段时间金属材料仍将占据主导地位。例如，计算机散热器中的纯铜柱、精密电子元件中的金属导线、汽车车身、飞机喷气发动机中的钛合金部件等都离不开金属材料。那么，常用金属材料有哪些？如何选用？

本次任务的主要内容：认识常用金属材料，能根据使用需求合理选择金属材料。

相关知识

金属材料对推动人类文明的进步和促进生产力的发展起着非常重要的作用。在青铜器时代，生产力有了飞跃性的发展。公元前 800 年，人类已发现并利用天然铜块制作兵器和工具，青铜—铜锡合金使材料的硬度和韧性更优异。钢铁冶炼技术的发展，引发了冶金、纺织、造船、机械等工业革命，开创了工业社会的新时代和新文明。

金属材料一般可分为钢铁材料（黑色金属）和非铁金属（有色金属）两大类。其中，铁及其合金、钢等为黑色金属；有色金属可分为轻金属（铝、镁、锂等）、重金属（铜、锌、镍等）、贵金属（金、银、铂等）和稀有金属（钨、钼、钽、钛等）。其中，钢铁材料占整个金属材料的比重最大，约占世界金属材料总产量的95%。

随着科学技术的发展，为满足人类社会对更高性能材料的要求，金属材料的种类、性能、用途等也在不断发展。其中，有色金属的研究、开发和利用更引人注目。

一、工业用钢

（一）钢的分类与牌号

1. 钢的分类

工业用钢在金属材料中所占的份额非常大，种类繁多。为了方便管理和进行材料的选用与比较，从不同的角度，可将工业用钢按照其所具有的共同特点进行分类。主要的分类方法有以下几种：

（1）按冶炼方法和设备分类 按照冶炼方法和冶炼设备的不同，可将钢分为平炉钢、转炉钢和电炉钢三大类。电炉钢又可细分为电弧炉钢、感应炉钢、真空感应炉钢和电渣炉钢。

（2）按用途分类 根据钢的不同用途，可将其分为结构钢、工具钢和特殊性能钢。

1）结构钢。根据使用对象的不同，又可分为构件用钢和机械零部件用钢。构件用钢包括建筑或工程用钢，如钢架、桥梁、钢轨、车辆、船舶、容器用钢等。这类钢中很大一部分是钢板和型钢。

机械零部件用钢有加工精度和配合的要求，还要具有较高的强度和韧性，如弹簧、轴承和轴类零件用钢等。

2）工具钢。工具钢是用于制造刃具、模具及量具的钢种，因此可具体分为量具刃具钢和模具钢。根据模具使用温度的不同，模具钢又可分为冷作模具钢和热作模具钢。

3）特殊性能钢。如不锈耐酸钢、耐热钢、超高强度钢及电工用钢等。

（3）按金相组织分类 这是根据钢材交货时的金相组织状态进行分类。按照平衡状态或退火状态的组织，可分为亚共析钢、共析钢、过共析钢和莱氏体钢；按照正火组织，可分为珠光体钢、贝氏体钢、马氏体钢、奥氏体钢和复相钢，但这种分类不是绝对的。

（4）按钢的成分分类 按照钢的成分，可分为碳素钢和合金钢两大类。按照钢中碳的质量分数，碳素钢有低碳钢（$w_C \leq 0.25\%$）、中碳钢（$0.25\% \leq w_C \leq 0.6\%$）

和高碳钢（$w_C>0.6\%$）之分。

对合金钢而言，按照合金元素的质量分数，可分为低合金钢（合金元素的质量分数小于5%）、中合金钢（合金元素的质量分数为5%~10%）和高合金钢（合金元素的质量分数大于10%）。

除以上分类方法外，按照加工工艺特点，可分为铸钢、渗碳钢、渗氮钢、易切削钢等；按钢的质量，可分为普通钢和优质钢，主要区别在于钢中所含有害杂质的多少。

2. 我国的钢材编号

（1）普通碳素结构钢　根据国家标准 GB/T 700—2006《碳素结构钢》，碳素结构钢的牌号表示方法体现了钢的力学性能，用符号"Q"+数字表示。"Q"为汉字"屈"（屈服点）的汉语拼音字首，数字表示屈服强度的数值。例如，Q235 表示屈服强度为 235MPa 的碳素结构钢。在牌号的后面可标注字母 A、B、C、D 来表示钢材质量的等级（硫、磷的质量分数），其中 A 级钢的硫、磷含量最高，D 级钢的硫、磷含量最低。牌号后还可标注字母 F、Z 或 TZ，分别表示沸腾钢、镇静钢或特殊镇静钢。例如，Q235AF 表示屈服强度为 235MPa 的 A 级沸腾钢，Q235B 表示屈服强度为 235MPa 的 B 级镇静钢。

（2）优质碳素结构钢　优质碳素钢的牌号用钢的平均碳的质量分数（万分数）表示，如钢号"10"表示平均碳的质量分数为 0.1%（万分之十）的优质碳素结构钢。

如果钢中锰的含量较高，则在钢号后附加符号"Mn"，如 15Mn、45Mn 等。

（3）碳素工具钢　碳素工具钢的牌号用钢中平均碳的质量分数（千分数）表示，并在数字前冠以"碳"的汉语拼音字头"T"。例如，T8 表示平均碳的质量分数为 0.8% 的碳素工具钢。锰含量较高时，应将符号"Mn"标在数字之后，如 T8Mn。碳素工具钢均为优质钢，如果硫、磷含量更低，则在钢号后标注字母"A"，如 T10A。

（4）合金钢　合金钢牌号的表示方法在世界各国均不相同，我国是按钢中碳的质量分数、合金元素的种类和数量以及质量级别来表示的。具体的表示方法遵循以下原则：

1）碳含量。用数字表示碳的质量分数（一般用两位数字），结构钢以万分之一为单位，如平均碳的质量分数为"0.10%""0.5%"写为"10""50"等；工具钢和特殊性能钢以千分之一为单位，工具钢中碳的质量分数超过 1% 时，不标出相应数字。

2）合金元素含量。在表示碳含量数字的后面，用化学元素符号表示主要的合金元素，元素符号后用数字表示该合金元素的质量分数。合金元素平均质量分数小于 1.5% 时不标出，质量分数为 1.5%~2.49%、2.5%~3.49%……时，相应地写为 2、3 等。

例如，牌号 40 Cr 表示中碳合金钢，平均碳的质量分数为 0.4%，主要合金元素 Cr 的质量分数小于 1.5%；CrWMn 表示工具钢，碳的质量分数大于 1.0%，各合金元素的质量分数低于 1.5%。

3）有关用途的标注。有些专用钢在牌号前标出表示其用途的汉语拼音首字母，如易切削钢 Y40Mn、滚珠轴承钢 GCr15，但该钢的合金元素含量以千分之几来表示，属于特例。

4）高级优质钢在牌号的末尾加注字母"A"。

（二）常见工业用钢的性能及用途

工业用钢的种类繁多，这里按照工业用钢的用途分类，分别介绍常用钢种的性能及用途。

1. 结构钢

结构钢是指用于各种大型金属结构的钢材，如桥梁、船舶、压力容器、建筑锅炉用钢等。结构钢分为碳素结构钢和合金结构钢。结构钢应具备的基本性能要求包括：一定的强度和塑性，缺口敏感性和冷脆倾向性小，耐大气腐蚀性及耐海水腐蚀性好，加工性能良好（指焊接性能与冷弯性）。

（1）碳素结构钢　碳素结构钢不含合金元素，冶炼容易、价格较低，能满足一般工程结构件的性能要求，因此得到了广泛的应用。

为保证碳素结构钢的工艺性和使用性能，其碳的质量分数应小于 0.25%。钢厂以热轧态交货，无须进行热处理。碳素结构钢的牌号、化学成分及力学性能见表 5-1。

表 5-1　碳素结构钢的牌号、化学成分和力学性能

牌号	等级	化学成分（质量分数，%），不大于					屈服强度 /MPa	抗拉强度 /MPa	断后伸长率（%）	冲击吸收功（纵向）/J（不小于）
		C	Mn	Si	S	P				
Q195	—	0.12	0.50	0.30	0.040	0.035	185~195	315~430	33	—
Q215	A	0.15	1.20	0.35	0.050	0.045	165~215	335~450	26~31	27（20℃）
	B				0.045					
Q235	A	0.22	1.40	0.35	0.050	0.045	185~235	375~500	21~26	27（-20~20℃）
	B	0.20			0.045	0.045				
	C	0.17			0.040	0.040				
	D				0.035	0.035				
Q275	A	0.24	1.50	0.35	0.050	0.045	275~540	410~540	17~22	27（20℃）
	B	0.21			0.045	0.045				
	C	0.22			0.040	0.040				
	D	0.20			0.035	0.035				

Q195、Q215、Q235A、Q235B 具有一定的强度和较好的塑性，常用于制造建筑、桥梁等构件上的钢板、钢筋、钢管等，也可用于制造普通螺钉、螺母、铆钉等。重要的焊接件可采用 Q235C 和 Q235D。Q235 和 Q275 可制成强度较高的型钢或钢板。

（2）低合金高强度结构钢　近几十年来，低合金高强度结构钢得到迅速发展，其屈服强度比碳素高强度结构钢高出 25%~100%，并且具有良好的焊接性能和耐蚀性。钢中合金元素的含量较低，生产过程简单，成本低廉，使用低合金构件钢可减轻构件的质量，节约钢材。低合金高强度结构钢主要用于建筑物、桥梁、车辆、大型钢结构及国防等领域。

为满足这些领域的需要，低合金高强度结构钢要求有良好的强度和塑性、良好的焊接性能和冷成形性能，以及良好的耐蚀性。为满足这些性能要求，通常钢中碳的质量分数不超过 0.2%，合金元素有 Mn、Cr、Ni 及少量的 V、Ti、Nb 等碳化物形成元素，起到细化晶粒、提高强度和韧性的作用。

常用的低合金高强度结构钢有 350MPa 级的 Q355（旧钢号 12MnV、4MnNb、16Mn、16MnRE），400MPa 级的 Q390（旧钢号 15MnV、15MnTi、16MnNb），450MPa 级的 Q420（旧钢号 15MnVN、14MnVTiRE），还有 500MPa 级的 Q460（旧钢号 14MnMoV、18MnMoNb）。钢中加入 N 可提高 V 的利用率，形成的 VN 化合物，起到细化晶粒、提高钢的强度的作用。500MPa 级钢中加入 Mo 有利于在空冷的条件下形成贝氏体组织，提高钢的强度、塑性，焊接性能也较好。

2. 机器用钢

（1）渗碳钢　渗碳钢主要用来制造齿轮、凸轮等零件，其化学成分特点是碳的质量分数在 0.2% 左右，一般加入 Mn、Cr、Ni、Mo 等合金元素。渗碳钢一般采用渗碳→淬火 + 低温回火的热处理工艺制造齿轮，合金元素的作用是在渗碳过程中防止晶粒长大及在淬火过程中提高淬透性。

常用的渗碳钢有 20Cr、20MnV、20CrMn、20CrMnTi、20 Cr2Ni4A 等。

（2）调质钢　通过淬火和高温回火（即调质处理）热处理工艺得到的强化钢种称为调质钢。调质钢的化学成分特点是碳的质量分数为 0.3%~0.5%，添加了 Mn、Cr、Si、Ni、Mo、V、B 等合金元素。常用的是 w_C=0.4% 的中碳合金钢。合金元素的作用主要是保证钢的淬透性，使钢的整个截面均具有良好的力学性能，抑制高温回火慢冷时产生的第二类回火脆性。合金调质钢的屈服强度约为 800MPa，冲击韧度约为 80J/cm^2。

常用的调质钢有 45、40MnB、40MnVB、40Cr、40 CrNiMo、42CrMn、30CrMnSi 等。

调质钢是应用最广的钢种之一，主要用于各种机器、汽车、拖拉机等机械上的轴类、连杆、螺栓等重要零件。

（3）弹簧钢　弹簧钢是用于制造各种弹簧和弹性元件的钢种。弹簧钢有碳素弹簧钢和合金弹簧钢。碳素弹簧钢中碳的质量分数为 0.6%~0.9%，合金弹簧钢中碳的质量分数为 0.5%~0.7%，并以 Si、Mn 为基本合金元素，其作用是提高钢的淬透性和屈强比。Si 的质量分数为 1.5%~2.0%，其主要作用是强化铁素体，提高钢的弹性极限和疲劳极限，提高回火稳定性。但 Si 易使钢在加热时产生表面脱碳，降低疲劳强度。在 Si-Mn 合金钢的基础上，添加 Cr、V、Mo、B、Nb 等合金元素来细化晶粒，降低钢的脱碳敏感性，提高钢的强度、屈强比及疲劳性能。弹簧钢对冶金质量有较高的要求，合金弹簧钢均为优质钢或高级优质钢，即钢中的 S、P 含量较低。

常用的弹簧钢有 60、75、85 碳素弹簧钢和 65Mn、50Si2Mn、60Si2Mn、70Si2Mn、55SiMn、55SiMnMoV、55SiMnMoVNb 等合金弹簧钢。

弹簧根据用途和加工方式不同，可分为热成形弹簧和冷成形弹簧两大类。热成形弹簧在热成形后，再进行淬火和中温回火处理（400~550℃），以获得所要求的力学性能，主要用于制造大型弹簧，如汽车、拖拉机、机车车辆上的负载弹簧等。冷成形弹簧采用冷卷成形后再热处理的加工工艺，用于制造尺寸较小、形状复杂的弹簧。对于冷轧、冷拉或淬火 - 回火的钢丝或钢带，由于已经具有较高的强度，在冷卷成形后，只需要进行 200~300℃的去应力回火，消除冷加工所产生的应力，并使弹簧定形。

目前，常采用喷丸强化的方式对弹簧钢进行表面强化，以提高弹簧的抗疲劳性能。汽车用板簧经喷丸处理后，使用寿命可提高几倍。

（4）轴承钢　轴承钢主要用来制造轴承的内、外套圈及滚动体。它是高碳低铬合金钢，C 的质量分数为 0.95%~1.1%，Cr 的质量分数为 0.4%~1.65%。高碳是为了保证钢具有高硬度和高耐磨性；Cr 可提高钢的淬透性，与碳形成细小的合金碳化物，提高耐磨性。经热处理后，钢的硬度一般为 62~64HRC。对于大型轴承钢，可加入 Si、Mn、V 进一步提高钢的淬透性和耐磨性，V 还可细化晶粒。

轴承钢中的非金属夹杂物及碳化物的大小和分布的不均匀性所造成的零件失效，占总失效的 65%。因此，要求轴承钢中的非金属夹杂物尽量地少或分布均匀，要求碳化物细小并均匀地分布在钢的基体组织上，以提高钢的接触疲劳强度。钢中夹杂物主要有 Al_2O_3、SiO_2、$MnO \cdot Al_2O_3$、MnS、CaS、AlN 等。其中，刚玉结构的 Al_2O_3 以及尖石结构的 $MnO \cdot Al_2O_3$ 和 $MgO \cdot Al_2O_3$ 的危害最大，网状碳化物、带状碳化物和液析碳化物三种形态对钢材性能有较大危害。通过锻造和热处理可改善碳化物的形态和分布。

轴承钢有两大类：铬轴承钢和在此基础上添加 Si、Mn、Mo、V 元素的轴承钢。

主要的钢号有 GCr15、GCr9、GCr9SiMn、GCr15SiMn、GCr15SiMnMoV，其中最常用的是 GCr15。

轴承钢经过淬火 + 回火，可获得极细小的隐晶马氏体和细小、均匀分布的碳化物组织，这有利于提高强度、韧性和抗疲劳性能。

3. 工具钢

工具钢主要用于制造各种刀具、模具和检验尺寸用的量具，如车刀、铣刀、丝锥、钻头、冷作模具、热作模具、卡尺、千分尺、量块等。按用途可分为刃具钢、模具钢和量具钢，实际应用中并没有明确的界限。按钢的化学成分可分为碳素工具钢和合金工具钢。

（1）刃具钢　刃具钢有碳素刃具钢和合金刃具钢之分。碳素刃具钢的淬透性较小、耐热性较差、耐磨性不高，适宜制造切削量较小、切削速度较低的小型刀具。合金工具钢具有较好的淬透性、耐磨性及强韧性，可制造切削量较大、切削速度高的刃具。

1）碳素工具钢。碳素工具钢中碳的质量分数为 0.65%~1.35%，以保证钢的高硬度和耐磨性等要求。钢号用字母 T 加数字表示，数字表示碳的质量分数的千分数，钢号包括 T7~T13。T7 级为亚共析碳素工具钢，具有较高的强度和塑性，可制作如木工工具、锤子等要求具有较高韧性的工具；T8 级为共析碳素工具钢，其强度较高、韧性稍差，可制造较大的刀具和承受一定冲击的刀具，如冲头、剪金属用的剪刀等；T10 以上的为过共析碳素工具钢，其具有极高的硬度与耐磨性，但韧性差，不能制造受冲击载荷的刀具，适宜制造高硬度的锉刀、剃刀、丝锥和钻头等。若为低硫、低磷含量的高级优质钢，则在钢号后面标注 "A"。

2）低合金工具钢。低合金工具钢是在碳的质量分数为 0.9%~1.1% 的碳素工具钢的基础上加入某些合金元素，如 Si、Mn、Cr、Mo、W、V 等，其主要作用是细化晶粒、提高钢的淬透性、形成稳定的碳化物以提高耐磨性及耐热性等，适宜制造大截面面积、承受重载荷、形状较复杂及对变形要求严格的工具。低合金工具钢经热处理后的硬度一般均大于 60HRC，使用温度为 250~300℃，用于制造各种低速切削刃具、丝锥及冷冲模具等。常用的低合金工具钢及其用途见表 5-2。

3）高速工具钢。高速工具钢是应用最广泛的高性能刀具钢之一，经过热处理后，其硬度可达 63HRC 以上，满足了高速切削加工的性能要求。在高速切削过程中，刀具刃部的温度可达到 600℃，因此要求高速工具钢具有热硬性，即在较高的温度下仍能保持较高的硬度和耐磨性，硬度一般可保持在 55~60HRC，使高速工具钢刀具的切削速度比低合金工具钢刀具增加 1~3 倍，耐磨性增加 4~7 倍。

表 5-2　常用的低合金工具钢及其用途

钢号	化学成分（质量分数，%）							硬度 HRC	用途
	C	Mn	Si	Cr	W	V	Mo		
9SiCr	0.85~0.95	0.30~0.60	1.20~1.60	0.95~1.25	—	—	—	60~62	板牙、丝锥、钻头、铰刀、冷冲模、冷轧辊
CrWMn	0.90~1.05	0.80~1.10	≤ 0.40	0.90~1.20	1.20~1.60	—	—	62~65	板牙、拉刀、量规、高精度冷冲模
Cr2	0.95~1.10	≤ 0.40	≤ 0.40	1.30~1.65	—	—	—	60~62	车刀、插刀、量具、样板、冷轧辊
W	1.05~1.25	≤ 0.40	≤ 0.35	0.10~0.30	0.80~1.20	—	—	59~61	麻花钻、丝锥、铰刀

高速工具钢是高碳高合金钢，碳的质量分数为 0.7%~1.60%，主要的合金元素有 W、Mo、Cr、V、Co 等。这些合金元素的作用主要是通过淬火 +560℃回火析出大量细小的、弥散且稳定的合金碳化物，如 W_2C、Mo_2C、VC、$C_{23}C_6$ 等，造成二次硬化效应。这些合金元素部分溶入 α-Fe 基体中，可提高基体的热强性，从而提高了钢的热硬性。Mo 的作用与 W 相似，但 Mo 的原子量是 W 的 1/2，故在加入量相同的情况下，Mo 的合金化作用是 W 的两倍。少量的 V（w_V=0.1%~0.2%）在钢中能形成 VC，可有效地细化奥氏体晶粒，降低钢的过热敏感性，提高钢的硬度和耐磨性。表 5-3 列出了几种常用高速工具钢的化学成分与用途。

表 5-3　常用高速工具钢的化学成分与用途

钢号	化学成分（质量分数，%）						用途
	C	W	Mo	V	Cr	Co	
W18Cr4V	0.73~0.83	17.20~18.70	—	1.00~1.20	3.80~4.50	—	高速切削车刀、钻头、丝锥、拉刀、铣刀
W12Cr4V5Co	1.50~1.60	11.75~13.00	—	4.50~5.25	3.75~5.00	4.75~5.25	
W6Mo5Cr4V2	0.80~0.90	5.50~6.75	4.50~5.50	1.75~2.20	3.80~4.40	—	
W6Mo5Cr4V3Co8	1.23~1.33	5.90~6.70	4.70~5.30	2.70~3.20	3.80~4.50	8.00~8.80	
W6Mo5Cr4V3	1.15~1.25	5.90~6.70	4.70~5.20	2.70~3.20	3.80~4.50	—	
W2Mo9Cr4VCo8	1.05~1.15	1.15~1.85	9.00~10.00	0.95~1.35	3.50~4.25	7.75~8.75	
W7Mo4Cr4V2Co5	1.05~1.15	6.25~7.00	3.25~4.25	1.75~2.25	3.75~4.50	4.75~5.75	

（2）模具钢　模具钢可分为冷作模具钢和热作模具钢两大类。冷作模具钢用来制造使金属冷变形的模具，如冲模、冷挤压模、冷镦模、拉丝模等，使用温度一般不超过 300℃。热作模具钢用于制造对金属热变形加工的模具，如热锻模、热挤压模及压铸模等，模具工作面温度可达到 600℃以上。

1）冷作模具钢。冷作模具钢要求具有较高的硬度（一般为 58~62HRC）、高的耐磨性、一定的断裂韧性及抗热处理变形性能等。冷作模具中碳的质量分数一般均在 1.0% 以上，以保证高的硬度和耐磨性。添加的合金元素主要有 Cr、Mo、W、V 等，它们与碳形成碳化物，可提高钢的耐磨性，尤其是 Cr，其与碳形成 M_7C_3 型碳化物，对提高钢的耐磨性作用更显著。合金元素还可提高钢的淬透性，减少模具的变形。

一般的小型冷作模具可用低合金工具钢制造，但对于尺寸较大的冷作模具，则常采用高碳高铬钢和高碳中铬钢。最常用的高碳高铬钢是 Cr12 型钢，钢号有 Cr12 和 Cr12MoV。Cr12 型钢中 $w_C=1.40\%~2.3\%$，$w_{Cr}=11\%~13\%$，$w_{Mo}=0.4\%~0.6\%$，$w_V=0.15\%~0.3\%$。Mo 和 V 的作用是可进一步提高钢的回火稳定性，增加淬透性，细化共晶碳化物，细化组织和改善韧性。

高碳中铬冷作模具钢的 $w_C \approx 1\%$，$w_{Cr}=5\%~7\%$，还添加了少量的 W 和 V。主要的钢号有 CrWMn、Cr4W2MoV 和 Cr5Mo1V。这类钢的碳化物主要是 Cr_7C_3，并有少量的合金渗碳体及 M_6C 和 MC 型碳化物。这类钢的碳化物分布较均匀，耐磨性好，热处理变形小，又具有一定的韧性，可代替高碳高铬钢制造冲模、冷镦模及冷挤压模等，但耐磨性稍低于高碳高铬钢。

基体钢具有高速工具钢基体的强度和韧性，又不含过多的未溶碳化物，使钢的韧性和加工性能得到改善，用它制造的冷挤压模的寿命比高铬模具钢制作的要长。我国研制的基体钢有 65CrW3Mo2VNb（65Nb）和 60CrMo3Ni2WV。从广义上讲，在高速工具钢的基体成分中添加少量其他元素，适当降低碳含量以改善韧性，均可称为基体钢。

对于既要有良好的耐磨性，又要有较高韧性的冷镦模和厚板冲剪模，发展了一系列高韧性、高耐磨性的冷作模具钢，代表钢号有 8Cr8MoV2Si、Cr8Mo2V2WSi 和 7Cr7Mo2VSi。

2）热作模具钢。热作模具是用于加工高温金属或液态金属的模具。根据工作条件的不同，热作模具钢可分为锤锻模具钢、热挤压模具钢、热镦锻及精锻模具钢和压铸模具钢。

热锻模在工作时会受到较大的冲击力和高温金属（1100~1200℃）与模具型腔接触时产生的加热作用，易使模具产生断裂、磨损和热裂纹，因此热锻模在高温下应具有较好的强度和韧性、高的耐磨性和抗热疲劳性能。

目前常使用的热锻模具钢有 5CrMnMo、5CrNiMo、4Cr5MoSiV、4Cr5MoSiV1 等。热锻模具钢中碳的质量分数一般为 0.45%~0.6%，属中碳合金钢，Cr、Ni、Mn 均可提高钢的淬透性，增加钢的强度和韧性，其中 Ni 的作用较显著，因此 5CrNiMo 钢常用于制造尺寸较大的热锻模具。Mo 和 V 都能细化晶粒，提高钢的回火稳定性，M 还能抑制回火脆性。Si 除了能增加淬透性、提高强度外，还可提高钢的抗热疲劳性能。除了以上热作模具钢外，还有 3Cr2MoWVNi 和 45Cr2 NiMoVSi 等高性能的新型热锻模具钢。

热挤压模、精锻模和压铸模等热作模具，在工作期间与高温的被加工金属接触的时间较热锻模长，尤其是在加工黑色金属和难熔金属时。这类模具材料还要承受较大的挤压力的作用，因此应具有较高的热稳定性、高温强度、抗热疲劳性及一定的耐磨性。能满足这类模具使用要求的钢，主要有铬系的 4Cr5MoSiV（H11）、4Cr5MoSiV1（H13）、4Cr5W2VSi，钨系的 3Cr2W8V，钢中较高的 W 含量能提高钢的热稳定性，V 可改善钢的耐磨性和热稳定性。

为改善铬系热作模具钢的热稳定性和钨系热作模具钢韧性的不足，发展了钼系热作模具钢，如 3Cr3Mo3W2V、6Cr4Mo3Ni2WV 等。铬系模具钢主要用于铝合金的压铸模、热挤压模、热剪切模及精密锻造模等。对于高熔点金属，如铜、黑色金属，则使用含钼的热作模具钢。

（3）量具钢　量具钢是指制造卡尺、千分尺、量块、样板等各种测量用工具的钢种。量具钢的基本性能要求是高的耐磨性、尺寸稳定性和低的表面粗糙度值。

一般量具钢的使用硬度要求为 58~64HRC，以保证高的耐磨性。对于精密量具，为保证尺寸不发生变化，尺寸稳定性就更为重要。

常用的量具钢有碳素工具钢和低合金钢，如 T10A、T12A、65Mn、9CrSi、CrMn、CrWMn、GCr15。碳素工具钢一般用于制造精度较低的量具，95Cr18 和 40Cr13 不锈钢则可用于在腐蚀介质中使用的量具。

4. 不锈耐蚀钢

不锈耐蚀钢在空气、酸、碱、盐水溶液及其他腐蚀介质中具有较高的化学稳定性，在某些工业环境介质中具有较好的耐蚀性，常用于各种管道、阀门、医疗器械、防锈刀具和量具等的制作。

（1）马氏体不锈钢　马氏体不锈钢在加热和冷却过程中会发生 $\gamma \to \alpha$ 相变，通过淬火可得到马氏体组织。典型的是 Cr13 型不锈钢，Cr 的质量分数为 12%~14%，主要的钢号有 12Cr13、20Cr13、30Cr13 和 40Cr13，它们之间的差别只是碳含量不同。

碳含量较低的 12Cr13 和 20Cr13 具有较好的力学性能和耐蚀性，因此常用于制造结构件，如汽轮机叶片、水压机阀、结构架、螺栓、螺母等，这类钢一般采用调质处理。

碳含量较高的 30Cr13、40Cr13 等类似于不锈钢，主要用来制造医疗器械、测量工具、不锈钢轴承和弹簧等。经淬火（950~1000℃）+ 低温回火（150~350℃），可获得 50~56HRC 的高硬度。

马氏体不锈钢在酸性介质中常会发生氢脆断裂，在中性介质中会因阳极溶解而出现应力腐蚀断裂，这对构件的安全使用构成了威胁。通过真空冶炼、电渣重熔等工艺使钢的纯度提高，可降低马氏体不锈钢的应力腐蚀和氢脆倾向。另外需要注意的是，马氏体不锈钢在 400~600℃ 之间回火，易于出现应力腐蚀开裂；而在 260℃ 左右回火时，出现应力腐蚀的可能性则最小。

（2）铁素体不锈钢　铁素体不锈钢铬的质量分数较高，一般为 17%~30%。Cr 的质量分数在 13% 以上时，Fe-Cr 合金不存在 γ 相变，在加热和冷却过程中始终保持 α 铁素体，铁素体不锈钢由此而得名。

铁素体不锈钢主要有三类：0Cr13 型、Cr17 型和 Cr 25 型。它们的碳含量均较低，一般质量分数在 0.1% 左右。主要的钢号有 06Cr13、10Cr17、10Cr17Mo、06Cr11Ti 等。铁素体不锈钢主要在退火或正火状态下使用，其强度较低而塑性较好。

铁素体不锈钢主要用于制造化工设备，如硝酸厂用的吸收塔、热交换器、酸槽和管道等；还可用于制造食品厂用的设备等。

（3）奥氏体不锈钢　奥氏体不锈钢是指使用状态为奥氏体组织的不锈钢。奥氏体不锈钢含有较多的 Cr 和 Ni 元素，Ni 是奥氏体形成元素，当其质量分数大于 8% 时有利于奥氏体的形成；碳含量很低，一般 $w_C \leq 0.1\%$。典型的钢号有 06Cr19Ni10，12Cr18Ni9，07Cr19Ni11Ti 等。

奥氏体不锈钢除具有良好的耐蚀性外，还具有较好的塑性，易于成形加工，韧性和焊接性能良好，无磁性，是目前使用最广泛的不锈钢，主要用于制造化工设备、食品工业器械、医疗器械、抗磁仪表和核工业设备等。

奥氏体不锈钢常常出现晶间腐蚀，使钢的性能下降，主要原因是奥氏体不锈钢在 400~800℃ 温度范围内加热时，会在奥氏体晶界析出 $Cr_{23}C_6$ 碳化物，造成晶界附近贫 Cr，从而降低了钢的耐蚀性。产生晶间腐蚀最敏感的温度在 650℃ 左右。

（4）奥氏体 - 铁素体双相不锈钢　在奥氏体不锈钢的基础上，适当增加 Cr 含量、降低 Ni 含量，或根据不同的用途添加 Mn、Mo、Cu、Ti、W 和 N 等元素，以获得奥氏体和铁素体的双相组织。具有这种组织的不锈钢，其耐应力腐蚀的能力增强，降低了高铬不锈钢的脆性，提高了钢的焊接性能，抑制了晶粒长大倾向。主要钢号有 12Cr21Ni5Ti，14Cr18Ni11Si4AlTi 等。

5. 耐热钢

耐热钢是指能在较高温度下服役的钢。它应该具备高温下不被介质腐蚀的化学稳定性和在高温下仍能保持一定强度的热强性。具备这两种性质的钢分别称为抗氧化钢和热强钢，又可统称为耐热钢。耐热钢主要用于制造加热炉、锅炉、燃气轮机及航空航天和石油化工等领域。

对耐热钢的基本性能要求是抗氧化性和热强性。金属的抗氧化能力与其表面所形成的氧化膜的结构和性能密切相关，提高抗氧化性的有效方法是在合金中加入 Cr、Si、Al 等元素，这些合金元素能与氧反应生成致密且稳定的氧化膜。热强性主要是指钢在高温下的抗蠕变性能和持久强度，通过提高合金基体原子间的结合力强化基体，并采用强化晶界、弥散相强化等手段来提高钢的热强性。

常用耐热钢主要有 12CrMo、12CrMoWSiVTiB、35CrMoV、20Cr1Mo1VTiB、15Cr11MoV、15Cr12WMoVA、07Cr19Ni11Ti 等。

二、铸铁

铸铁是以 Fe-C-Si 为主要成分的铸造合金，其中 w_C=2.5%~4.0%，w_{Si}=1.0%~3.0%。为满足不同用途对铸铁性能的要求和改善工艺性能，常常在铸铁中添加一定量的 Cr、Ni、Cu、Mo、Al 等合金元素，以获得合金铸铁。铸铁的铸造性能优良，常用铸造的方法来制造零部件。

铸铁具有优良的铸造工艺性能和力学性能，如高强度、耐磨性和减振性等，其生产过程容易、成本低，因此被广泛应用。特别是在机械制造、冶金、矿山和交通运输等行业中，铸铁件占很高的比例，如机床中铸铁件占 60%~70%，汽车、拖拉机中铸铁件占 50% 以上，主要用来制造机床的床身、主轴箱，发动机的气缸体、缸套、曲轴、凸轮轴等。一些高强度和具有特殊性能的铸铁，还可替代部分合金钢和有色金属材料。

铸铁中的碳主要有三种存在形式：①与 Fe 形成固溶体；②与 Fe 形成 Fe_3C；③以石墨的形式析出。根据铸铁中碳的析出形式、石墨的形态和断口颜色的不同，铸铁可分为多种类型，如灰铸铁、球墨铸铁、蠕墨铸铁、可锻铸铁和白口铸铁等。下面介绍几种常用的铸铁及其性能和用途。

1. 灰铸铁

灰铸铁中的碳全部或大部分以石墨的形式存在，断口呈暗灰色。它由片状石墨和金属基体组成，基体组织有铁素体、铁素体＋珠光体和珠光体三种。灰铸铁的用途最广、用量最大，占铸铁总量的 80%。

灰铸铁的牌号用"HT"加数值表示，"HT"后面的数值表示最低抗拉强度，如 HT100 表示最低抗拉强度为 100MPa。灰铸铁的牌号、强度及主要用途见表 5-4。

表 5-4　灰铸铁的牌号、强度和主要用途

牌号	抗拉强度/MPa	抗压强度/MPa	主 要 用 途
HT100	≥ 100	500	下水管、底座、支架、手枪等形状简单、不重要的零件
HT150	≥ 150	650	机床底座、轴承座、汽轮泵体、端盖、滑盖、工作台等
HT200	≥ 200	750	气缸、齿轮、机件、底架、机床床身、液压泵壳体等
HT250	≥ 250	1000	阀壳、液压缸、联轴器、齿轮（箱）、飞轮、轴承座等
HT300	≥ 300	1100	齿轮、凸轮、导板、重载荷机床床身、高压液压缸等

　　灰铸铁的力学性能与基体组织和石墨的形态、大小、数量及分布有关。它的抗拉强度随基体组织中珠光体含量的增加而增加。铁素体组织的强度较低、耐磨性差，一般很少使用。由于受工件尺寸对铸件热处理冷却速度的影响，实际使用的灰铸铁大多是铁素体和珠光体复合组织。因此，其强度主要取决于铸铁基体的类型和强度。与钢不同的是，灰铸铁的抗压强度比抗拉强度高 2.5~4 倍，因此，灰铸铁被广泛用于机床底座、床身以及其他耐压零件。

　　石墨的强度很低，在铸铁中起到裂纹或孔洞的作用，破坏了基体的连续性。片状石墨的尖端还会引起应力集中，这就造成灰铸铁的塑性和韧性极低，属于脆性材料。减少片状石墨的数量或尺寸有助于提高铸铁的塑性和韧性。铸铁的耐磨性比钢好，因为石墨具有层状结构，本身具有润滑性，可起到减摩作用。磨损过程中，石墨脱落留下的微孔能储存润滑油或容纳磨损产生的微粒，这些对耐磨性均起有利作用。石墨的存在还使铸铁具有良好的减振性，灰铸铁的减振性比钢高 6~10 倍。

　　除此之外，灰铸铁还具有良好的铸造性能、切削性能、焊接性能和热处理性能。

2. 球墨铸铁

　　铸铁中石墨呈球形分布的铸铁称为球墨铸铁。由于石墨呈球状，减小了对金属基体的损坏作用，使铸铁的强度、塑性和韧性得到较大提高，并且仍保持铸铁的耐磨、减振等特性。球墨铸铁被广泛应用于机械、汽车及冶金等行业。

　　石墨的球形化必须有两个过程：球化处理和孕育处理。球化处理是在铁液浇注前加入一定量的球化剂，成为石墨形成时的非自发核心，促使其生长为球状的工艺。国内常用的球化剂有金属镁、稀土硅铁合金和稀土硅铁镁合金，国外常用的有金属镁、硅铁镁合金和铜镁合金等。镁可使石墨的球化率提高、圆整度好、成本低，我国普遍采用稀土镁球化剂。在球化处理的同时，必须进行孕育处理，即石墨化。因为常用的球化剂均是强烈阻碍石墨化的元素，通过孕育处理才能使石墨生成球状、圆整度好、分布均匀且数量多的球状石墨。孕育处理常采用硅铁合金和硅钙合金作为孕育剂。

我国球墨铸铁的牌号用"QT"和两组数字表示，前面的一组数字表示最低抗拉强度，后面的一组数字代表最低断后伸长率。例如，QT400-18和QT600-3分别表示球墨铸铁的抗拉强度最低为400MPa和600MPa，断后伸长率最低为18%和3%。

球墨铸铁的力学性能主要取决于基体组织的类型和性能，如珠光体组织球墨铸铁的强度比铁素体组织的约高50%，但强度的增加会使塑性降低。由于石墨呈球状，其塑性也较其他种类的铸铁高。球墨铸铁的抗拉强度远超过其他灰铸铁，特别是其屈服强度比钢还高，屈强比可以达到0.7~0.8。球墨铸铁还具有较高的疲劳强度，疲劳强度的缺口敏感性较小。对一些承受交变载荷的零件，如曲轴、连杆及凸轮轴等，有些可用球墨铸铁代替钢来制造。

球墨铸铁要经过热处理后才能使用，主要的热处理有退火、正火、调质、等温淬火、表面淬火以及化学热处理等。热处理的目的是通过相变获得不同的基体组织和性能。热处理不能改变石墨的形状和分布，但可以通过溶解和析出参与热处理相变，因此，可通过控制热处理工艺参数来调整球墨铸铁的力学性能。

经过等温淬火，可获得具有贝氏体组织的球墨铸铁，又称为奥氏体-贝氏体球墨铸铁，或简称奥-贝球墨铸铁，它具有高的强度、塑性和韧性配合的力学性能，综合性能比珠光体-铁素体球墨铸铁及经调质处理的球墨铸铁高，特别是具有较高的弯曲疲劳强度和良好的耐磨性。奥-贝球墨铸铁的力学性能与其他铸铁的力学性能比较见表5-5。奥-贝球墨铸铁是近40年来铸铁冶金方面的重要成就之一。

表5-5 奥-贝球墨铸铁与其他铸铁的力学性能比较

性 能	奥-贝球墨铸铁	球墨铸铁（珠光体-铁素体）	灰 铸 铁	可 锻 铸 铁
抗拉强度/MPa	860~1360	414~690	138~414	414~690
屈服强度/MPa	586~965	274~433	—	274~433
断后伸长率（%）	2~10	3~13	<1	3~13

3. 其他铸铁

除了以上讲述的灰铸铁和球墨铸铁外，还有满足不同工艺和使用要求的其他铸铁，主要有以下几种。

（1）激冷铸铁 也称为冷硬铸铁。这是通过控制快冷的方式，使铸铁表面组织不发生石墨化，而是获得一定深度的白口表层，心部仍保持灰口组织的一种铸铁。激冷铸铁的表层具有高的硬度和耐磨性，而心部保持一定的塑性和韧性，适宜制造耐磨性要求较高的铸件，如轧辊、火车车轮以及粉碎机的零部件等。

（2）可锻铸铁　　也称为展性铸铁。可锻铸铁组织中的石墨呈团絮状，它是由白口铸铁经石墨化退火得到的。团絮状石墨对金属基体的割裂作用和引起的应力集中程度比灰铸铁小很多。因此，可锻铸铁在一定的程度上具有了良好的塑性，而且具有一定的塑性变形能力，但不能锻造。

可锻铸铁常用于连杆、曲轴、齿轮摇臂、起重机、机床等机械的零部件。珠光体可锻铸铁制作由于具有高的强度、硬度以及良好的耐磨性，可代替部分低、中碳钢及有色金属制件。

（3）蠕墨铸铁　　这种铸铁中的石墨呈蠕虫状，常与球状石墨共存。蠕墨铸铁是通过铁液的变质和孕育处理得到的。常用的变质剂有稀土硅铁镁合金、稀土硅铁合金等，孕育剂中含有 Ca、Al、Be、Sr、Zr 等元素。

蠕墨铸铁的抗拉强度、断后伸长率、弹性模量以及弯曲疲劳强度均优于灰铸铁，而且它的导热性、铸造性和切削加工性均优于球墨铸铁。因此，它主要应用于受热循环载荷的铸件及一些结构复杂、强度要求较高的铸件，如钢锭模、玻璃模具、柴油机缸盖、排气管等部件。

（4）耐热铸铁　　普通灰铸铁在高温下的氧化破坏主要是由内氧化造成的。灰铸铁中的片状石墨容易使氧通过小裂纹或石墨片的间隙进入铸铁内部，与铁和石墨分别形成 FeO 和气体，造成了铸铁生长和微裂纹的产生。一般情况下，灰铸铁的工作温度在 400℃左右。

在铸铁中加入 Si、Al、Cr 等合金元素，可以提高铸铁的耐热性。在高温下，这些元素能在铸铁表面形成致密、结合牢固并且稳定性较高的氧化膜，阻止氧的进一步渗入，有效地防止了铸铁的内氧化。

另外，通过石墨的球化或蠕虫化，提高了金属基体的连续性，也可减少氧渗入铸铁内部，防止产生内氧化。因此，球墨铸铁和蠕墨铸铁的耐热性比灰铸铁好。

耐热合金铸铁主要有高硅耐热铸铁、高铝耐热铸铁、铝硅耐热铸铁和铬耐热铸铁等。

（5）耐磨铸铁　　铸铁本身具有较好的耐磨性，因此被广泛地用于农业机械、矿山机械等耐磨部件。但对于导轨、缸套等部件，要求铸件的摩擦系数小，因此根据铸件工作条件的不同，将耐磨铸铁分为减摩铸铁和抗磨铸铁两类。

提高减摩性的方法主要有提高基体的耐磨性和控制石墨的形状、大小和分布。石墨本身具有润滑作用，还能吸附润滑油。一般要求中等尺寸的石墨均匀分布于金属基体中，通过添加合金元素 Cu、Mo、Mn、Cr、P、Ti 等来提高金属基体的耐磨性。还可通过控制基体组织提高耐磨性能，如贝氏体、马氏体和莱氏体组织。常用的耐磨铸铁有高磷合金铸铁、磷 - 铬 - 钼合金铸铁、稀土 - 镁 - 钒 - 钛球墨铸铁以及稀土 - 镁 - 中锰球墨铸铁等。

（6）耐蚀铸铁 为提高铸铁在酸、碱、盐等腐蚀介质中的耐蚀性，发展了耐蚀铸铁，主要是通过合金化来提高铸铁的耐蚀性，常用的元素有 Si、Cr、Al、Mo、Cu、Ni 等。它们的作用是在铸铁表面形成致密的氧化膜，提高基体的电极电位和改善铸铁的组织。这类铸铁主要有高硅耐蚀铸铁、高铝耐蚀铸铁和高铬耐蚀铸铁。

硅能在铸铁表面形成致密的 SiO_2 膜，有效地提高了铸铁的耐化学腐蚀和耐电化学腐蚀性能，在 30℃以下，对硝酸、硫酸、醋酸、磷酸等均具有较好的耐蚀性。

铝也能在铸铁表面形成 Al_2O_3 薄膜起保护作用，对碱性介质具有高的稳定性，提高了铸铁耐碱性腐蚀的能力。铬在铸铁表面形成的致密 Cr_2O_3 钝化膜，可提高基体的电极电位，使铸铁的耐电化学腐蚀能力提高，而且还能提高铸铁的抗氧化性。因此，高铬铸铁也是耐热铸铁。

三、有色金属及其合金

除了钢铁、铬、锰及其合金之外的其他金属均可称为有色金属。有色金属的种类很多，主要可分为以下五类：

（1）重金属 相对密度大于 3.5 的金属，如铜、镍、钴、铅、锌等。

（2）氢金属 相对密度小于 3.5 的金属，如铝、镁、钠、铍、锂等。

（3）贵金属 金、银、铂、钯、铑等。

（4）稀有金属 钨、钼、钒、钛、铌、锆、镓等。

（5）放射性金属 镭、铀、钍等。

有色金属具有许多特殊的性能，如密度小、导电性好、耐蚀性好、耐高温性、加工工艺性好等。因此，其应用日益广泛，例如：具有高强度和低密度的铝合金、钛合金等在航空、汽车、船舶工业中得到应用；铜、银、铝等具有高导电性和导热性，是电气以及仪表工业中常用的材料；钨、钼、钽等合金具有耐高温性，常用于制造在 1300℃以上使用的高温零件；钛具有耐蚀性好的特点，用于制造军舰和潜艇部件等；具有高比强度的镁合金在计算机、摩托车、手机、汽车等行业具有广泛的用途。

（一）铝及铝合金

1. 工业纯铝

铝的晶体结构为面心立方点阵，相对密度为 2.27，熔点 660.4℃，但是，铝的熔点随其纯度的降低而降低。铝有如下特性：

1）良好的导电性和导热性，仅次于铜和银。

2）优良的耐蚀性，铝和氧的亲和力大，在室温下可与空气中的氧结合，在表面生成致密的、与基体牢固结合的氧化膜，阻止氧向金属内部扩散，起到保护作用。但是，铝的氧化膜很容易被碱和盐的水溶液破坏，因此铝在碱和盐的溶液中耐蚀性较差。氧化膜在热的稀硝酸和硫酸中也容易被破坏。

3）铝为面心立方点阵结构，具有较好的塑性，纯铝的断后伸长率可以达到45%，但强度较低，只有50MPa左右。

工业纯铝中也含有少量的杂质，主要是铁和硅，其次是铜、锌、镁等。工业纯铝由于强度较低，主要用于配制铝合金，此外，还可用于制造导线、电缆及电容器等。

2. 铝合金

在纯铝中常加入铜、镁、锌、硅、锰和稀土等合金元素制得铝合金。合金元素主要通过固溶强化、时效强化、过剩相强化和细化组织强化来提高铝合金的强度，同时还保持纯铝所具有的密度低和耐蚀性好的特点。铝合金通过热处理，其强度可与合金钢相近，甚至超过合金钢。因此，铝合金已广泛应用于汽车、航空等工业中的重要结构件。

根据合金元素的含量和加工工艺性能的特点，铝合金主要分为两大类：变形铝合金和铸造铝合金。工程上常用的铝合金大都具有与图5-2类似的相图。由图可见，凡位于相图上 D 点成分以左的合金，在加热至高温时能形成单相固溶体组织，合金的塑性较好，适用于压力加工，所以称为变形铝合金。凡位于图中 F 点成分以左的铝合金，因固溶体成分不随温度的改变而发生变化，故不能进行时效强化，称为不可热处理强化的变形铝合金；而成分在 F 与 D 之间的合金，其固溶度随温度的改变而改变，因此可进行时效强化，也称可热处理强化的变形铝合金。凡位于 D 点成分以右的合金，因含有共晶组织，液态下流动性较好，适用于铸造，所以称为铸造铝合金。

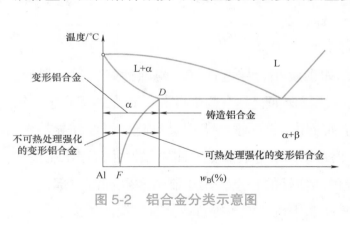

图 5-2　铝合金分类示意图

（1）变形铝合金　变形铝合金的合金含量较低，在加热到合金的固溶线以上时可得到单相的固溶体，具有很好的塑性变形能力，可用于锻造、轧制和挤压等塑性加工。变形铝合金锭子经过适当的压力加工，可制成带材、板材、棒材、管材等坯料，以满足后续各种制品加工的需要。变形铝合金有防锈铝、硬铝、超硬铝和锻铝四种。

1）防锈铝。防锈铝合金简称防锈铝，属于不可热处理强化的铝合金，有5A01（旧牌号LF15）、5A02（旧牌号LF2）、5A03（旧牌号LF3）等。其主要性能特点是耐蚀性好，并具有良好的塑性和焊接性能，但强度较低。

防锈铝主要用于制造油箱、汽油和润滑油管、轻载荷零件等。

2）硬铝。硬铝合金简称硬铝，以铝 - 铜 - 镁系合金为代表，具有很强的时效强化作用，经时效处理后，由于强化相的析出，合金可获得很高的强度。依据合金中铜与镁含量之比的不同，形成的强化相组成和结构也不一样。镁含量较低时，强化相是 θ（$CuAl_2$）；随着镁含量增加，形成强化效果更好的、具有一定耐热性的 S（Al_2CuMg）相；超过一定的镁含量，则形成强化效果较差的 T（Al_6CuMg）和 β（Al_3Mg_2）相。

硬铝可分为低强度硬铝、中强度硬铝和高强度硬铝三种，这是由合金中铜和镁的含量决定的。合金的强度增加，会使塑性和加工工艺性能变差。硬铝的牌号有2A01（旧牌号 LY1）、2A02（旧牌号 LY2）、2A04（旧牌号 LY4）等。

硬铝的应用广泛，如强度较低的硬铝 2A01~2A10（旧牌号 YL1~YL10）主要用于制造各种结构件上的铆钉；中强度的 2A11（旧牌号 YL11）可制造骨架、模锻的固定接头、螺栓、铆钉以及板材、棒材、管材等型材；高强度硬铝 2A12（旧牌号 YL12），则用于制造高强度的构件，如骨架、蒙皮、梁等。

3）超硬铝。强度更高的铝合金是超硬铝合金，简称超硬铝，它属铝 - 锌 - 镁 - 铜系合金，强度可达 500~700MPa。其强化相为 η（Mg/Zn_2）和 T（$Al_2Mg_3Zn_3$）。超硬铝一般采用人工时效，这样既可缩短时效时间，还可改善力学性能，如低温性能和耐蚀性。常用牌号有 7A04（旧牌号 LC4）、7A09（LC9）等。

超硬铝合金主要用于制造受力结构件，如飞机大梁、接头以及起落架等。

4）锻铝。可锻造用的铝合金称为锻铝。锻铝有铝 - 镁 - 硅 - 铜系和铝 - 铜 - 镁 - 铁 - 镍系，它们具有较好的可锻性，可进行自由锻造、挤压、轧制、冲压等加工工艺，主要用于中等强度、塑性和耐蚀性较好的锻件和模锻件。铝 - 铜 - 镁 - 铁 - 镍系合金属于耐热锻铝，用该合金制造的零部件能在 150~250℃的温度下工作。

锻造铝合金一般采用淬火 + 人工时效进行强化。需要注意的是，淬火后不能在室温下长时间停留，否则会显著降低人工时效的效果。

锻铝的牌号有 2A50、2A60、2A70 等。铝 - 镁 - 硅 - 铜系锻铝有 2A50（旧牌号 LD5）、2B50（旧牌号 LD6）、2A14（旧牌号 LD10）等，铝 - 铜 - 镁 - 铁 - 镍系锻铝有 2A70（旧牌号 LD7）、2A80（旧牌号 LD8）、2A90（旧牌号 LD9）等。

（2）铸造铝合金　可通过铸造加工制造工件的铝合金称为铸造铝合金，它除了要具备必需的力学性能外，还应该具有良好的铸造性能。与变形铝合金相比，铸造铝合金的合金成分含量较高，一般接近共晶成分。在这一成分附近的合金具有较好的流动性、较高的高温强度和较小的热裂倾向。

按照所含合金元素的不同，常用的铸造铝合金有以下几种类型：

1）铝-硅铸造合金。铝-硅铸造合金的特点是流动性好、铸造工艺性好，以及具有优良的焊接性能、耐蚀性和力学性能，因此得到广泛的应用。

特殊铝-硅铸造合金是在简单铝-硅合金中添加铜、镁、锰等合金元素，目的是通过热处理形成强化相，或通过合金元素形成固溶强化效应，进一步提高合金的力学性能。如含镁铝-硅铸造合金，牌号为ZL101，通过固溶和时效处理，形成强化相 Mg_2Si，使强度显著提高，抗拉强度可以达到240MPa，断后伸长率为3.6%，而且具有较好的铸造性、焊接性能和耐蚀性。含铜铝-硅铸造合金的强化相为 θ（$CuAl_2$），牌号为ZL107，强度可以达到260MPa，断后伸长率为3%。铜-镁复合添加的铝-硅铸造合金也具有较高的强度。铝-硅铸造合金常用于内燃机零件，如缸体、缸盖、曲轴箱等。

2）铝-铜铸造合金。合金中铜的质量分数为4%~14%，铜在铝中具有较大的固溶度，因此经热处理后，可显著提高合金的强度，但铜含量的增加会使合金的脆性增加。铝-铜合金具有较高的热强性，是所有铸造铝合金中热强性最高的一类，工作温度为200~300℃，主要用来制造增压器的导风叶轮、静叶片等。但铝-铜铸造合金的耐蚀性和铸造性能不如铝-硅铸造合金。常用铝-铜铸造合金有ZL201、ZL202、Z1203、ZL204、ZL205、ZL207等。

3）铝-镁铸造合金。这类铝合金的特点是密度小、耐蚀性好和具有较高的强度，但流动性和铸造性能较差、热强性差，工作温度不超过200℃，常用于制造承受较大载荷和耐海水或大气腐蚀的零件。常用的铝-镁铸造合金有ZL301、ZL303、ZL305，一般在固溶处理后使用，抗拉强度可达350MPa。

4）铝-锌铸造合金。铝-锌铸造合金强度较高，也是最便宜的铸造铝合金，但其耐蚀性较差。常用的铝-锌铸造合金是ZL401，主要用来制造汽车、飞机、医疗和仪器等零件。加入适量的锰、镁、铁元素可提高合金的耐热性，一般工作温度不超过200℃。铝-锌铸造合金可直接在铸态下使用，而不需要经过热处理。

（3）耐热铝合金　耐热铝合金中含有一些熔点比铝高的过渡族元素，如锰、铁、铜、锂以及稀土元素。这些元素与铝形成固溶体，提高了原子间的结合力，具有较高的再结晶温度，增强了固溶体的稳定性。耐热铝合金中存在一些耐热性较好的过剩相，同时通过稀土、钛、锆等元素在晶界上的吸附，降低晶界能，增强原子间的结合力以提高晶界热强性，从而提高合金的耐热性。

耐热铝合金也可分为耐热变形铝合金和耐热铸造铝合金。铝-铜-锰系为耐热硬铝合金，常用的牌号有2A02（旧牌号LY2）、2A16（旧牌号LY16）、2A17（旧牌号LY17）等。铜和锰均可提高铝合金的耐热性，锰本身在铝中的扩散系数小，还能降低铜在铝中的扩散速度，对防止固溶体的分解和强化相在高温下的聚集长大起到了有利作用。耐热硬铝零件可在 200~300℃温度下工作，如压缩机叶片盘、在高温下工作的焊接容器等。

耐热铸造铝合金是在铝 - 硅合金的基础上，添加一定量的铜、镍、锰和稀土等合金元素，如铝 - 硅 - 铜 - 镁系铸造铝合金（ZL101、ZL108）、铝 - 硅 - 铜 - 镁 - 镍系（ZL109）等。耐热铸造铝合金主要用作制造活塞。

（二）铜及铜合金

铜在现代社会中的地位仅次于钢铁和铝，位居第三位，是电气工业的主要用材。世界上 50% 以上的铜用于制造各种电气设备的导电部件。机械工业、国防等领域也大量使用铜及铜合金制造轴承、轴瓦、开关、油管、阀门、热交换器、冷凝器和散热器以及各种弹壳等。因此，铜及铜合金对社会经济的发展起着重要的支撑作用。

1. 工业纯铜

工业纯铜呈紫红色，其熔点为 1083℃，无磁性，具有优良的导电性和导热性。纯铜的强度不高，抗拉强度为 200~240MPa，屈服强度为 60~70MPa，但其塑性较好，具有优良的加工成形性和焊接性能。

工业纯铜中常含有杂质元素，如氧、硫、铅、铋、砷、磷等。这些杂质的存在会影响纯铜的导电性和导热性，热加工过程中会造成热脆性。

纯铜常用于制作电线、电缆、电刷、铜管等要求导电、导热和耐腐蚀的器材或零件。纯铜的另一个主要用途是作为生产铜合金的原料。

2. 黄铜

黄铜是以锌为主要合金元素的 Cu-Zn 基合金，锌的质量分数小于 50%，因其具有黄色而得名。根据锌含量的不同，黄铜的颜色随之改变，如锌的质量分数为 18%~20% 时，呈黄红色；锌的质量分数达到 50% 时呈金黄色。Cu-Zn 二元合金简称普通黄铜，在普通黄铜里添加一种或多种其他合金元素组成的合金称为特殊黄铜。

根据普通黄铜中锌含量的不同，常出现 α、β、γ 三种不同的相。α 相是 Zn 在 Cu 中的固溶体，呈面心立方结构，具有较好的耐蚀性和塑性；β 相是以 CuZn 电子化合物为基的固溶体，呈体心立方结构；γ 相是以 Cu_3Zn 为基的固溶体，呈复杂立方结构，在 270℃转变为有序固溶体，它的硬度高、塑性差，塑性加工困难。

根据相的不同，黄铜可分为单相 α 黄铜（w_{Cu}=62.4%~100%）、α+β 黄铜（w_{Cu} = 56.0%~62.4%）。α 黄铜的耐蚀性好、室温塑性高，适合进行冷压力加工。α+β 黄铜适合进行热加工，加工温度在合金的 β 相区温度。

在 Cu-Zn 二元黄铜中添加铝、硅、锡、铅、锰、铁、镍等元素得到特殊黄铜，其目的是改善黄铜的力学性能、耐蚀性、耐磨性以及加工工艺性能等。

合金元素将不同程度地影响黄铜的组织和性能，除铁和铅外，主要通过改变

Cu-Zn 合金的相区大小来影响合金中各相的相对量。合金元素的这种作用相当于锌的作用，因此将特殊黄铜中各合金元素对 Cu-Zn 合金的组织与性能的作用用锌当量表示，由此可求出特殊黄铜的名义含锌量，并可推断特殊黄铜的组织与性能和加工性能的关系。

根据所添加合金元素种类的不同，特殊黄铜主要有铝黄铜、锡黄铜等。

1）铝黄铜。铝可提高黄铜的强度和硬度，特别是铝能在黄铜表面形成致密的氧化膜 Al_2O_3，改善了黄铜的耐蚀性；铝还能提高黄铜的铸造性能。但铝也给黄铜的焊接和压力加工带来了困难。铝黄铜的强度高、耐腐蚀、色泽金黄，可做装饰材料，作为金的代用品。

2）锡黄铜。锡的作用主要是改善黄铜耐海水和海洋大气腐蚀的性能，还能改善黄铜的加工性能。锡黄铜又称海军黄铜，用于制造舰船零部件。

3）锰黄铜。锰的主要作用是提高合金的强度，而不降低其塑性，还能提高合金耐海水和蒸汽腐蚀的性能。

4）硅黄铜。硅能提高合金的强度和耐磨性，并改善铸造性能和耐蚀性。

除此之外，还有铅黄铜、镍黄铜和铁黄铜等，它们均具有较高的强度、耐磨性和耐蚀性。铅不溶于黄铜，但可改善合金的加工性能。

黄铜既具有良好的加工性能，又有良好的铸造性能，因此得到了广泛应用，如制造弹簧、垫圈、金属网、各种冷热水阀体、散热器和冷凝器管道、钟表零件等。其中 H68 普通黄铜由于强度高、塑性好、具有良好的冷加工性，而被用于制造弹壳和炮弹筒，因此也称为弹壳黄铜。

3. 青铜

最早的青铜是含锡的铜基二元合金，因表面呈青绿色而得名。现在工业上将含有铝、硅、铍、锰等的合金也称为青铜，如铝青铜、硅青铜、铍青铜等。

青铜是人类历史上使用最早的一种合金，我国古代遗留下来的古剑、古铜镜、古钟鼎等均是用青铜制造的。

（1）锡青铜　锡青铜中锡的质量分数一般为 3%~14%，锡青铜的强度随锡含量的增加而提高，在锡的质量分数约为 20% 时达到最大值，但在锡的质量分数达到 7% 以后，由于 δ 相的出现会使塑性显著降低。锡青铜的耐蚀性比纯铜和黄铜好，在大气、海水、淡水和蒸汽中均具有很好的耐蚀性；但在氨水、亚硫酸钠和酸性矿泉水中的耐蚀性较差。

除锡以外，工业用锡青铜中还添加磷、锌和铅等元素，用于改善合金的铸造性能、加工性能以及提高其强度、疲劳强度、弹性极限和耐磨性。锡青铜还具有无磁性、无冷脆性等特点。

锡青铜具有良好的强度、耐蚀性和耐磨性，主要用于制造各种机械和仪器仪表中的弹簧、耐磨零件、船舶零件、轴承等零部件。

（2）铝青铜　铝青铜是铜-铝合金，铝的质量分数一般小于12%。其中用于压力加工的铝青铜，铝的质量分数为5%~7%；用于铸造和热加工的铝青铜，铝的质量分数大于7%。

与黄铜和锡青铜相比，铝青铜具有较高的强度、硬度、耐大气与海水腐蚀性以及耐磨性。此外，铝青铜在冲击作用下不会产生火花。因此，铝青铜的用途非常广泛，主要用于制造齿轮、轴套、蜗轮、弹簧以及船舶中的一些耐磨、耐蚀和弹性零件。

铝青铜中常加入铁、镍、锰等元素，以改善铝青铜的力学性能，如提高强度、耐磨性及热强性等；还可以减少铝青铜的自发退火倾向，细化晶粒，提高再结晶温度。含铁和镍的铝青铜，其工作温度可以达到500℃，能在高压、高温和高速条件下工作。

（3）铍青铜　铍与铜组成的合金称为铍青铜。工业用铍青铜中铍的质量分数一般在1.7%~2.5%范围内。铍在铜中的固溶度随温度的降低而急剧减小，因此具有较强的时效硬化特性。经固溶时效处理后，合金的强度、硬度、疲劳极限和弹性极限均得到提高，抗拉强度可以达到1250~1500MPa，接近中强度钢的强度级别。

铍青铜经固溶处理后具有较好的塑性，可进行管材、棒材、带材等型材的冷加工。但经固溶处理后，加工性能会变差。为提高加工性能，可在固溶处理后，于260℃下进行一次半时效处理。

铍青铜经热处理后，具有高的强度、硬度、耐磨性、弹性极限、疲劳极限，而且耐腐蚀、无磁性、导热性和导电性好，冲击时不产生火花，因此在工业中得到了广泛应用。近年来，以手机为主导的通信设备产量的增长和汽车电器的应用、飞机电阻焊零件的需求，使铍青铜的市场需求不断增加，世界青铜产量的增长率为10%~15%。

铍青铜用于制造较精密的弹性元件，在高速、高温、高压下工作的轴承、衬套、齿轮等耐磨零件，以及转换开关、电接触器等不产生火花的工具等。添加稀土可提高铍青铜的综合性能，稀土在青铜中的作用是细化晶粒，脱氧、脱硫，改善夹杂物的形貌，改善加工工艺性能等。

4. 白铜

铜-镍合金称为白铜，镍的质量分数低于50%。铜与镍均是面心立方结构，而且两者的电化学性质和原子半径相近，因此铜与镍能形成无限固溶体，均为单相组织。白铜不能通过热处理强化，只能通过固溶强化和加工硬化来提高强度。

白铜具有较高的强度、耐蚀性，良好的冷加工和热加工性能、良好的热电性能等，特别是在海水、有机酸和各种盐溶液中耐蚀性较强，常用于制造在蒸汽、淡水和海水中工作的精密仪器、仪表零件、冷凝器、蒸馏器以及热交换管等。白铜可用于船舶、电站、石油化工、医疗器械等行业，$w_{Ni}=20\%$ 的白铜 B20 可用于制造镍币、硬币。

含锰的白铜又可称为电工白铜，因为它具有极高的电阻、热电势和非常小的电阻 - 温度系数。例如，锰白铜 BMn3-12 又称为锰铜，它具有高的电阻和低的电阻 - 温度系数，与铜接触时的热电势小，可用作精密电工测量仪表材料；锰白铜 BMn40-1.5 又称为康铜，它具有良好的耐热性和耐蚀性，可用于制造在 500~600℃ 以下工作的热电偶及变阻器等；锰白铜 BMn43-0.5 又称为考铜，它具有极高的电阻和低的电阻 - 温度系数，可制造工作温度不高的变阻器、热电偶和补偿导线。

（三）镁及镁合金

镁在地壳中的储量极其丰富，仅次于铝和铁而占第三位。纯镁的熔点为 650℃，化学性质非常活泼，冶炼困难。纯镁的相对密度小，只有 1.72，是工业用金属中最轻的一种，其中最轻的 Mg-Li 合金可漂浮在水上。常规镁合金比铝合金质量轻 30%~50%，比钢铁质量轻 70%。

纯镁为密排六方结构，滑移系少，因此纯镁在室温下的塑性较差，而且屈服强度较低。纯镁在空气中能与氧形成氧化膜，但这种氧化膜不致密，脆性较大，使其在空气、水及盐水中的耐蚀性很差，但在碱以及石油产品中具有较高的耐蚀性。

在纯镁中加入合金元素可制得镁合金，常用的合金元素有铝、锌、锰、锆及稀土等。合金元素的主要作用是提高镁合金的强度、细化晶粒、提高纯镁的熔点、提高耐热性并改善高温强度，还可提高耐蚀性。

镁合金具有比铝合金更高的比强度和比刚度，具有较大的承受冲击载荷的能力，具有良好的加工性能和抛光性能、较高的阻尼减振性能，还具有良好的铸造性能，并被认为是 21 世纪绿色工程金属结构材料，被应用于航天航空、国防军工、交通运输、通信等领域。

根据加工方式的不同，镁合金可分为变形镁合金和铸造镁合金两大类。

1. 变形镁合金

变形镁合金的生产主要通过挤压、轧制和锻造工艺手段实现，可加工成板材、棒材和锻件。常用的变形镁合金有镁 - 铝系和镁 - 锌 - 锆系。镁 - 铝系合金属于中等强度、塑性较好的材料，铝的质量分数一般为 0~8%。这种合金具有较高的强度、塑性和耐蚀性，价格较低，是最常用的变形镁合金系，典型的合金有 AZ31、AZ61、AZ80。镁 - 锌 - 锆系属于高强度变形镁合金，变形能力比镁 - 铝系低，典型的合金为

ZK60。我国采用"MB"和"MZ"加序号分别表示变形镁合金和铸造镁合金。

镁 - 锂合金是一种超轻变形镁合金,密度可小于水。锂可提高镁合金的塑性,锂的质量分数为 7.9% 的 Mg-Li 合金具有极高的塑性和超塑性,在飞机和航空器上得到了应用。

快速凝固变形合金是一种新型变形镁合金,通过快速凝固 + 粉末冶金工艺使合金的性能显著提高。它的强度比常规铸造镁合金和铝合金高 40%~60%,抗压强度和抗拉强度的比值从 0.7 提高到 1.1,耐蚀性也得以提高。

2. 铸造镁合金

铸造镁合金中应用最广泛的是压铸镁合金,主要有镁 - 铝系、镁 - 锌系,镁 - 锂系和镁 - 稀土系,其中镁 - 铝系是最常用的合金系,主要有四个系列:AZ(镁 - 铝 - 锌)系、AM(镁 - 铝 - 锰)系、AS(镁 - 铝 - 硅)系和 AE(镁 - 铝 - 稀土)系。AZ91D(Mg-9Al-0.7Zn-0.2Mn)是典型的镁 - 铝 - 锌系合金,具有良好的铸造性能和高的屈服强度,含少量可提高耐蚀性的锰,广泛用于汽车座椅、变速器外壳、离合器支架等部件。AM60、AM50 具有较高的断后伸长率和韧性,可承受冲击载荷,可用于安全性较高的车轮和车门等部件。

镁 - 锌系铸造合金有镁 - 锌 - 铜(如 ZC63、ZC62)、镁 - 锌 - 稀土(如 ZE41、ZE53)和镁 - 锌 - 锆(如 ZK51)。铜可提高合金的铸造性能、强度和韧性。镁 - 锌 - 锆合金的铸造性能较好、强度高,锆的主要作用是细化晶粒,提高合金的强度、耐热性、塑性等。稀土元素有助于提高合金的耐热性。

3. 新型镁合金

(1)耐高温镁合金 耐高温镁合金的开发开始于 20 世纪中期,一些高档耐高温合金主要用于制造航空发动机等产品,可在 200℃ 以上的温度工作,这些合金中含有价格较贵的钕(Nd)、银(Ag)、钍(Th),不适合汽车工业使用。汽车用耐高温镁合金的工作温度要求在 140~200℃,强度为 35~70MPa,室温下的断后伸长率 >3%,还要有良好的压铸性能、耐蚀性和加工性能,主要用于汽车的发动机及传动机构零件等。

(2)阻燃镁合金 在镁中添加钙,可提高镁合金的抗氧化性,例如,在镁中加质量分数 3% 的钙,可使镁合金的着火点提高 20℃。阻燃的原理是添加低氧位的合金元素,在镁合金液面上形成致密的氧化膜,阻止氧与镁的结合。上海交通大学研究的 IP-MA 阻燃镁合金,将镁合金的着火点提高到 800℃,高于镁合金的熔炼和浇注温度(700~720℃),其力学性能优于 AZ91D。含钙类阻燃合金可在无保护的情况下压铸成汽车变速器壳体、手机外壳等部件。

(3)阻尼镁合金 Mg-Zr 合金是一种密度小的新型阻尼合金,主要用于航空航天、国防等尖端技术领域,如鱼雷、战斗机和导弹上的减振部件。

镁合金的耐蚀性较差,提高它的耐蚀性是镁合金应用的关键。目前常采用表面防腐技术,如离子注入、物理气相沉积方法进行表面改性,采用化学方法形成化学转化膜或阳极转化膜,然后再涂覆有机涂层。

> 汽车工业是镁合金应用的主要对象,可降低汽车的质量,有效地降低油耗。汽车质量每降低 100kg,每百公里油耗可减少 0.7L。在同等体积的条件下,镁合金比铝合金轻 36%,比锌合金轻 73%,比钢轻 77%,因此镁合金是节能减排背景下汽车轻量化潜力最大的材料,已成为汽车材料的必然选择。

镁合金在汽车上的应用主要有:离合器壳体、转向柱架、制动器踏板支架、阀盖、阀板、变速器壳体、座椅架、车轮等部件。电子工业是镁合金应用增长最快的领域,在电子器材中的增长速度达 25%。它具有良好的结构刚度、电磁屏蔽性、散热性和环保性,可代替工程塑料用于制作数码相机、笔记本电脑、数码摄像机、手机等通信设备的壳体部件。此外,镁合金还用于航空发动机、飞机起落架、框架和导弹等部件。

(四)钛及钛合金

钛在地壳中的质量分数为 0.63%,居各种元素含量的第九位,按金属结构材料算,位居铁、铝、镁之后占第四位。钛及钛合金目前主要用于航空航天领域,在该领域的应用占钛合金总量的 70%,可用于制造发动机及机架构件。其他的应用领域有电站冷却系统的热交换器、化工工业中的耐腐蚀设备及器材、生物医疗器械等。钛合金是一种很有前途的新型结构材料。

纯钛的相对密度为 4.5,比铁小;熔点为 1668℃,比铁高。在固态下,纯钛具有同素异构转变,转变温度为 882.5℃,高于此温度,为体心立方结构的 β 相;低于此温度,为密排六方的 α 相。钛很容易与氧和氮形成化学稳定性高、致密的氧化物和氮化物膜,使钛及其合金具有较高的耐蚀性,特别是在海水中的耐蚀性比铝合金、不锈钢和镍基合金都好。纯钛的强度不高、塑性较好,在 550℃下具有高的抗氧化能力,但导热性不好。

为满足工业使用的更高要求,在纯钛中添加合金元素形成钛合金。添加合金元素的种类不同,会对钛的同素异构转变温度产生影响,α 和 β 相区也将发生相应的变化,导致室温下的稳定组织有所相同。一般根据退火组织的类别,将钛合金分为三大类:α 型钛合金、β 型钛合金和 α+β 型钛合金。

α 型钛合金的牌号用 "TA" 加数字表示,主要合金元素是铝。铝是 α 相稳定元素,可扩大 α 相区。除铝以外,还可加入中性元素锡和锆,有时还加入少量的铜、钼、钒、铌等 β 相形成元素。铝在合金中起固溶强化作用，可提高合金的强度和耐热性。锡和锆也具有显著的固溶强化作用，而且对合金的塑性影响不大。

根据不同的使用性能要求，还有耐蚀钛合金、阻燃钛合金、生物医用钛合金等。

1. 耐蚀钛合金

新开发的耐蚀钛合金有 Ti-0.1Ru，它用 Ru 代替 Pd 来降低成本。Ru 的作用与 Pd 一样，能促进阴极反应，使钛表面钝化。Ti-0.5Ni-0.5Ru 具有较好的耐稀盐酸腐蚀能力和在高温高浓度氯化物溶液中的耐缝隙腐蚀能力。此外，还有 Ti-0.4Ni-0.15Cr-0.01Pd-0.03Ru、Ti-Al-V-Pd（Ru）、Ti-4Ta-0.3Al-0.4Mo 等合金。耐蚀钛合金主要用于石油开采和石油化工装置，海洋、能源等要求耐腐蚀的环境。

2. 阻燃钛合金

常规钛合金在断裂、摩擦或在氧介质中等特定条件下有燃烧的倾向，这限制了它的应用。20 世纪 80 年代，美国研制出对持续燃烧不敏感的钛合金，如 Ti-1270 或 Alloy C，属 Ti-V-Cr 系 β 型钛合金。俄罗斯研制了 Ti-Cu-Cr 系阻燃合金，其中添加了钼、锆、钒等元素，它们的摩擦着火温度可以达到 650~800℃，而 Ti-6Al-4V 的摩擦着火温度为 100℃。

3. 生物医用钛合金

生物医用钛合金主要用作人体植入材料，如用于制造人工关节、人工骨、断骨固定器、脊骨矫正杆、心脏瓣膜、牙科植入物、头盖骨等。生物医用钛合金材料中的钒对生物体有毒，甚至可能制癌。因此，从 20 世纪 80 年代中期到 90 年代，人们研究出无钒钛合金，如 Ti-2.5Al-2.5Mo-2.5Zr、Ti-5Al-2.5Fe 等。新型 β 型钛合金是无钒无铝的钛合金，包括 Ti-Nb-Ta 系、Ti-Nb-Ta-Zr 系、Ti-Mo-Ta-Zr 系和 Ti-Mo-Nb-Zr 系，这类合金具有高强度、低弹性模量和无毒性。

此外，Ni-Ti 形状记忆合金也是理想的医用植入材料，主要用于血管支架、食管支架、牙科齿矫正等。

（五）轴承合金

1. 滑动轴承合金

滑动轴承合金是用于制造滑动轴承轴瓦及内衬的材料。

滑动轴承在工作时，承受轴传给它的一定压力，并和轴颈之间存在摩擦，因而会产生磨损。由于轴的高速旋转，工作温度升高，因此对用作轴承的合金，首先要求它在工作温度下具有足够的抗压强度和疲劳强度、良好的耐磨性和一定的塑性及韧性，其次要求它具有良好的耐蚀性、导热性和较小的膨胀系数。

为了满足上述要求，轴承合金应该是在软的基体上分布着硬质点，如图 5-3 所示；或者是在硬基体上分布着软质点。当机器运转时，软基体受磨损而凹陷，硬质点就突出于基体上，减小了轴与轴瓦间的摩擦系数，同时使外来硬物能嵌入基体中，使轴颈不被擦伤。软基体能承受冲击和振动，并使轴与轴瓦很好地磨合。

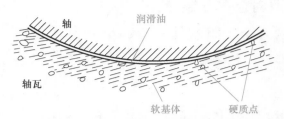

图 5-3　软基体硬质点轴瓦与轴的分界面

常用的轴承合金按主要化学成分可分为锡基、铅基、铝基和铜基等，前两种称为巴氏合金，其编号方法为："ZCh+ 基本元素符号 + 主加元素符号 + 主加元素质量分数（百分数）+ 辅加元素质量分数（百分数）"，其中 "Z""Ch" 分别是 "铸"造、轴 "承" 的汉语拼音字首。例如，ZChSnSb11-6 表示 w_{Sb}=11.0%、w_{Cu}=6% 的锡基轴承合金。

2. 锡基轴承合金（锡基巴氏合金）

锡基轴承合金是一种软基体、硬质点类型的轴承合金。它是以锡、锑为基础，并加入少量其他元素的合金，常用的牌号有 ZChSnSb11-6、ZChSnSb8-4、ZChSnSb4-4 等。

锡基轴承合金具有良好的磨合性、抗咬合性、嵌藏性和耐蚀性，浇注性能也很好，因而普遍用于浇注汽车发动机、气体压缩机、冷冻机和船用低速柴油机的轴承和轴瓦。锡基轴承合金的缺点是疲劳强度不高、工作温度较低（一般不高于150℃）、价格高。

3. 铅基轴承合金（铅基巴氏合金）

铅基轴承合金是以 Pb-Sb 为基的合金，但二元 Pb-Sb 合金有密度偏析，同时锑颗粒太硬，基体又太软，性能并不好，通常还要加入其他合金元素，如 Sn、Cu、Cd、As 等。常用的铅基轴承合金为 ZChPbSn-16-16-1.8，它含有 15%~17%（质量分数，余同）的 Sn、15%~17% 的 Sb、1.5%~2.0% 的 Cu 及余量的 Pb。

铅基轴承合金的硬度、强度、韧性都比锡基轴承合金低，但其摩擦系数较大、价格较便宜、铸造性能好，常用于制造承受中、低载荷的轴承，如汽车、拖拉机的曲轴、连杆轴承及电动机轴承，但工作温度不能超过120℃。

铅基、锡基巴氏合金的强度都较低，需要把它镶铸在钢的轴瓦上，形成薄而均匀的内衬，才能发挥作用。这种工艺称为挂衬。

4. 铝基轴承合金

铝基轴承合金是一种新型减摩材料，具有密度小、导热性好、疲劳强度高和耐蚀性好的优点。其原料丰富、价格便宜，被广泛用于制造高速高负荷条件下工作的轴承。按化学成分可分为铝 - 锡系（Al-20%Sn-1%Cu）、铝 - 锑系（Al-4%Sb-0.5%Mg）和铝 - 石墨系（Al-8Si 合金基体 +3%~6% 的石墨）三类。

铝 - 锡系轴承合金具有疲劳强度高、耐热性和耐磨性良好等优点，适合制造高速、重载条件下工作的轴承。铝 - 锑系轴承合金适用于载荷不超过 20MN/m^2、滑动线速度不大于 10m/s 工作条件下的轴承。铝 - 石墨系轴承合金具有优良的自润滑作用、减振作用以及耐高温性能，适合制造活塞和机床主轴的轴承。

铝基轴承合金的缺点是膨胀系数较大，抗咬合性低于巴氏合金。它一般用 08 钢做衬背，一起轧成双合金带使用。

5. 多层轴承合金

多层轴承合金是一种复合减摩材料。它是综合了各种减摩材料的优点，弥补其单一合金的不足，从而组成两层或三层减摩合金材料，以满足现代机器高速重载、大批量生产的要求。例如，将锡 - 锑合金、铅 - 锑合金、铜 - 铅合金、铝基合金等之一与低碳钢带一起轧制，复合而成双金属。为了进一步改善顺应性、镶嵌性及耐蚀性，可在双层减摩合金表面上再镀一层软而薄的镀层，这就构成了具有更好减摩性及耐磨性的三层减摩材料。这种多层合金的特点都是利用增加钢背和减少减摩合金层的厚度来提高疲劳强度，依靠镀层来提高表面性能。

6. 粉末冶金减摩材料

粉末冶金减摩材料在纺织机械、汽车、农业机械、冶金矿山机械等方面已获得广泛应用。粉末冶金减摩材料包括铁石墨和铜石墨多孔含油轴承以及金属塑料减摩材料。

粉末冶金多孔含油轴承与巴氏合金、铜基合金相比，具有减摩性能好、寿命长、成本低、效率高等优点，特别是它具有自润滑性，轴承孔隙中所储润滑油足够其在整个有效工作期间消耗。因此，特别适合制造制氧机、纺纱机等上面的轴承。

7. 非金属材料轴承

对于与清水及其他液体接触的滑动轴承，因不能采用机油润滑，可用胶木、塑料、橡胶等非金属材料制成，也可采用金属与非金属材料复合制成。例如，船舶用的水润滑轴承就是采用铜合金做衬套、橡胶做内衬复合而成的。

 任务实施

一、观看微课：认识常用金属材料

记录工业用钢的分类与牌号、各种钢的性能及用途，铸铁的分类与牌号、各种铸铁的性能及用途，常用有色金属的种类及用途。

认识常用金属材料

二、完成课前测试

1. 按化学成分，钢分为_____、_____、_____、_____、_____、_____。

2. 低碳钢、中碳钢、高碳钢中碳的质量分数分别是_____、_____、_____。

3. 根据铸铁中石墨形态，铸铁分为_____、_____、_____、_____、_____。

三、任务准备

实施本任务所使用的设备和材料见表5-6。

表 5-6　实施本任务所使用的设备和材料

序　号	分　类	名　　称	数　量	单　位	备　注
1	材料	45 钢	10	套	
2		T8 钢	10	套	
3		模具上的 Cr12MoV 钢	10	套	
4		铜片	10	套	
5		铝片	10	套	

四、以小组为单位完成任务

在教师的指导下，完成相关知识点的学习，并完成任务决策计划单（表5-7）和任务实施单（表5-8）。

表 5-7　任务决策计划单

制定工作计划 （小组讨论、咨询教师，将下述内容填写完整）		
常用金属材料的选用	操作步骤：	
	分工情况：	
	需要的设备和工具：	
	注意事项：	

表 5-8 任务实施单

小组名称		任务名称	
成员姓名	实施情况		得分
小组成果（附照片）			

 ## 检查测评

对任务实施情况进行检查，并将结果填入表 5-9 中。

表 5-9 任务测评表

序号	主要内容	考核要求	评分标准	配分	扣分	得分
1	课前测试	完成课前测试	平台系统自动统计测试分数	20		
2	观看微课	完成视频观看	1）未观看视频扣 20 分 2）观看 10%~50%，扣 15 分 3）观看 50%~80%，扣 5 分 4）观看 80%~99%，扣 3 分	20		
3	任务实施	完成任务实施	1）未参与任务实施，扣 60 分 2）完成一种材料的选用，得 20 分，依次累加，至少完成三种	60		
合计						
开始时间：		结束时间：				

思考训练题

一、填空题

1. 按质量等级，钢分为_____、_____、_____、_____。

2. KTH300-06 表示_____铸铁。

二、选择题

1. Q235 钢中的 235 表示钢的（ ）。

A. 屈服强度　　　　B. 抗拉强度　　　　C. 疲劳强度　　　　D. 硬度

2. 45 钢中碳的质量分数是（ ）。

A. 45%　　　　B. 4.5%　　　　C. 0.45%　　　　D. 0.045%

3. 60Si2Mn 钢中 Mn 的质量分数是（ ）。

A. 20%　　　　B. 2%　　　　C. 0.2%　　　　D. 0.02%

4. T12 钢中碳的质量分数是（　　　）。

A. 12%　　　　　　　B. 1.2%　　　　　　C. 0.12%　　　　　　D. 0.012%

5. HT100 中的 100 表示铸铁的（　　　）。

A. 屈服强度　　　　B. 抗拉强度　　　　C. 疲劳强度　　　　D. 硬度

6. QT400-15 中的 15 表示铸铁的（　　　）。

A. 断面收缩率　　　B. 抗拉强度　　　　C. 疲劳强度　　　　D. 断后伸长率

三、简答题

1. 常用工业用钢分为哪些类型？

2. 简述我国钢材编号方法。

3. 简述钢中杂质元素对钢性能的影响。

4. 简述钢中合金元素对钢性能的影响。

5. 指出下列钢号属于什么钢？各符号分别代表什么？Q235、20CrNi、T8、T10A、Q345、W6Mo5Cr4V2、Cr12MoV、60Si2Mn。

6. 在材料库中存有 42CrMo、GCr15、T13、60Si2Mn 材料，现在要制作锉刀、齿轮、连杆螺栓，试选用材料。

7. 什么是铸铁？常用铸铁分为哪些类型？

8. 铸铁中石墨形态有哪些形式？

9. 简述铸铁的牌号含义。

10. 铸造铝合金（如 Al-Si 合金）为何要进行变质处理？

11. 铝合金能像钢一样进行马氏体相变强化吗？为什么？

12. 铜合金的性能有何特点？铜合金在工业上的主要用途是什么？

任务二　认识常用非金属材料

学习目标

知识目标：1. 列举常用高分子材料。

　　　　　2. 列举常用陶瓷。

能力目标：1. 能合理选用高分子材料。

　　　　　2. 能合理选用陶瓷。

素养目标：感受材料魅力，建立对学科的热爱。

工作任务

高分子材料具有非常广泛的应用。在衣食住行方面：①制作服装，如锦纶、涤纶、氨纶、腈纶；②食品级用具方面，可做成餐具、不粘锅、餐具洗涤剂等；③建筑工程方面，可做保温、装饰、吸声材料，还可用作结构材料代替钢铁、木材等，如沥青、塑料、橡胶、化学纤维、防水塑料、某些涂料、胶黏剂等；④家电方面，可制作冰箱、空调、电风扇、吸尘器等；⑤交通方面，用橡胶制作轮胎，极大地改善了交通工具的乘坐舒适性。在航空、航天、航海等方面：①飞机座舱盖的有机玻璃、电线电缆的保护套、制动系统零件、飞机轮胎、密封零件、绝缘零件、缓冲器、有摩擦润滑要求的零部件等；②宇航服上应用多种高分子材料，可起到良好的保暖、防辐射等作用；③游艇、快艇、高性能赛艇、救生艇上也有高分子材料的广泛应用。

　　陶瓷在工业生产中具有不可替代的作用，可用于扩音机、电唱机、超声波仪、声呐、医疗用声谱仪等。少数陶瓷还具有半导体的特性，可用于整流器。

　　本次任务的主要内容：认识常用高分子材料和陶瓷，能根据使用需求合理选用非金属材料。

 相关知识

一、高分子材料

　　高分子材料也称为聚合物材料，它是以聚合物为基本组分的材料。有些高分子材料仅由聚合物构成；但大多数高分子材料，除基本组分聚合物之外，为获得各种实用性能或改善成型加工性能，还要加入各种添加剂。

　　根据以聚合物为基础组分的高分子材料的性能和用途，将聚合物材料分成塑料、橡胶、合成纤维、胶黏剂、涂料、功能高分子等。

（一）塑料

　　塑料是以聚合物为主要成分，在一定条件（温度、压力等）下可塑化成一定形状并且在常温下保持其形状不变的材料，习惯上也包括塑料的半成品。

　　塑料是一类重要的高分子材料，具有质轻、电绝缘、耐化学腐蚀、容易加工成型等特点。各种塑料的相对密度大致为 0.9~2.2，一般是钢铁的 1/4~1/6，其大小主要取决于填料的用量。

　　所有的塑料均为电的不良导体，表面电阻为 $10^9 \sim 10^{18} \Omega$，广泛用作电绝缘材料。加入导电的填料可制成具有一定电导率的导体或半导体。许多塑料的摩擦系数低，可用来制造轴承、轴瓦、齿轮等部件，使用时可用水做润滑剂。摩擦系数大的可用于制作制动装置的摩擦零件。塑料可制成各种装饰品、薄膜型材、配件及产品，其性能可调范围宽，具有广泛的应用领域。

塑料的缺点是力学性能比金属材料差，表面硬度低，大多数品种易燃，耐热性差。

根据组分数目的多少，塑料可分为单一组分塑料和多组分塑料。单一组分塑料基本上是由聚合物构成的或仅含少量的辅助物料（染料、润滑剂等）。多组分塑料是由聚合物和大量辅助剂（增塑剂、稳定剂、改性剂等）构成的。

根据受热后形态、性能表现的不同，塑料分为热塑性塑料和热固性塑料。热塑性塑料受热后软化，冷却后变硬，软化和变硬过程在加热和冷却时可重复、循环发生，因此热塑性塑料可反复成型，占塑料总产量的 70% 以上，常用的有聚氯乙烯、聚乙烯、聚丙烯等。热固性塑料是由单体直接形成网状聚合物或由交联型预聚体形成，受热后不能回复到可塑态，且制品不溶、不熔，主要品种有酚醛树脂、氨基树脂和环氧树脂等。

塑料根据使用范围可分为通用塑料和工程塑料。通用塑料产量大、价格较低、力学性能一般，主要用作非结构材料。工程塑料一般用作结构材料，能承受较宽温度变化范围和苛刻的环境条件，具有优异的力学性能，耐热、耐磨，尺寸稳定性好。

（二）橡胶

橡胶是有机高分子弹性化合物，在很宽的温度范围（–50~150℃）内具有优异的弹性，所以又称为高弹体。

橡胶具有独特的高弹性，还具有良好的电绝缘性、耐化学腐蚀性以及耐磨性等，是国民经济中不可缺少和难以代替的重要材料。

橡胶按其来源可分为天然橡胶和合成橡胶：天然橡胶是从自然界含胶植物中制取的一种高弹性物质，合成橡胶是用人工合成的方法制得的高分子材料。合成橡胶按性能和用途可分为通用合成橡胶和特种合成橡胶。通用合成橡胶的性能与天然橡胶相同或相近，被广泛用于制造轮胎及其他橡胶制品，如丁苯橡胶、顺丁橡胶、氯丁橡胶等。特种合成橡胶具有耐寒、耐热、耐油等特殊性能，用于制造在特定条件下使用的橡胶制品，如硅橡胶、氟橡胶、聚氨酯橡胶等。按大分子主链的化学组分，合成橡胶分为碳链弹性体和杂链弹性体两类。

橡胶制品可分为轮胎、胶带、胶管、胶鞋和橡胶工业制品五大类。轮胎是橡胶制品中的主要产品。胶带有运输胶带和传动胶带两类。胶管是用橡胶和纤维材料制成的软管。胶鞋是橡胶制品中的重要产品之一，工业生产和民用的需求量都很大。除以上制品外，其他橡胶制品统称为橡胶工业制品，如胶辊、胶布、胶板等，其品种和数量很多。

（三）合成纤维

纤维是指长度比其直径大很多倍，并具有一定柔韧性的纤细物质。

1. 纤维的分类

纤维分为两类，一类是天然纤维，如棉花、羊毛、蚕丝等；另一类是化学纤维，即用天然或合成高分子化合物经化学加工制得的纤维。化学纤维的种类很多，如图 5-4 所示。

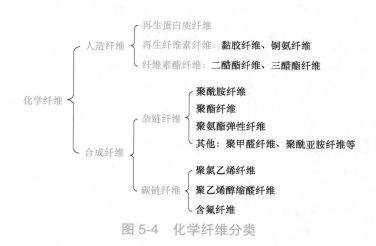

图 5-4　化学纤维分类

人造纤维是以天然高聚物为原料，经化学处理与机械加工而制得的纤维。合成纤维是由合成的高分子化合物加工制成的纤维。

2. 纤维的主要性能指标

（1）细度　细度是指纤维的粗细程度，一般采用与粗细有关的间接指标支数和纤度表示。

1）支数。单位质量的纤维所具有的长度称为支数。如 1g 的纤维长 100m，称 100 支。同一种纤维，支数越高，表示纤维越细。

2）纤度。一定长度的纤维所具有的质量称为纤度，单位为特克斯，记为 tex。纤维越细，纤度越小。

（2）断裂强度　单位纤度的纤维在连续增加的负荷作用下，被拉伸断裂时所承受的最大力称为断裂强度，单位为 N/tex，其计算公式为

$$P=\frac{F}{D} \tag{5-1}$$

式中　P——断裂强度（N/tex）；

　　　F——纤维被拉断时的负荷（N）；

　　　D——纤维的纤度（tex）。

（3）断裂伸长率　断裂伸长率（延伸率或延伸度）是指纤维或试样在拉伸至断裂时，其长度比原长度增加的百分数，用 ε 表示，即

$$\varepsilon=\frac{L_1-L}{L}\times100\% \tag{5-2}$$

式中　L_1——试样断裂时的长度（mm）；

　　　L——试样原长（mm）。

（4）初始模量　把纤维拉伸至比原长增加 1% 时所需的应力，称为纤维的初始模量，也称弹性模量，单位为 N/tex。初始模量越大，表示纤维的尺寸稳定性越好。

（5）回弹率　将纤维拉伸至产生一定伸长量，然后撤去载荷，经松弛一定时间后（30s 或 60s），测定纤维弹性回缩后的剩余伸长。可回复的弹性伸长与总伸长之比称为回弹率。

（6）吸湿性　吸湿性是指在标准温度和湿度［温度为（20±3）℃，相对湿度为 65%±3%］条件下纤维的吸水率。

除上述性能指标外，还有很多指标反映纤维的各种实用性能，如耐热性、燃烧性、染色性、耐蚀性等。

二、无机非金属材料

无机非金属材料主要包括陶瓷、玻璃、水泥和耐火材料。它们的主要原料是天然的硅酸盐矿物或人工合成的氧化物、氮化物、碳化物等化合物。通过制粉、成型和烧结三个阶段，将原料制成所需的无机非金属制品。其中，陶瓷是最早使用的无机材料，因此陶瓷材料现在又常被认为是无机非金属材料的总称。

陶瓷材料种类很多，通常分为玻璃、玻璃陶瓷和工程陶瓷。其中玻璃陶瓷也称为金属玻璃或微晶玻璃，它是由非晶玻璃经过晶化处理制备得到的，具有高的强度和韧性。工程陶瓷包括普通陶瓷（如地砖、洁具等）和特种陶瓷（也称为精细陶瓷），特种陶瓷具有良好的力学性能和某些声、光、电、磁等功能，在各种工业领域应用广泛。特种陶瓷有结构陶瓷和功能陶瓷两大类。

（一）结构陶瓷

结构陶瓷主要是作为结构件使用的陶瓷材料，包括氧化物陶瓷、氮化物陶瓷、碳化物陶瓷等。这类陶瓷具有熔点高、耐高温、强度高、耐腐蚀、耐磨性好等特点，因此在高温、耐磨领域和耐腐蚀行业中得到广泛应用。

1. 氧化铝陶瓷

氧化铝陶瓷是一种以 α-Al_2O_3 为主晶相的陶瓷，其中 Al_2O_3 的质量分数一般为 75%~99.9%。Al_2O_3 的质量分数约在 75% 的称为"75 瓷"，Al_2O_3 的质量分数约在 85% 的称为"85 瓷"。

Al_2O_3 有很多同质异晶体，主要的有三种：α-Al_2O_3、β-Al_2O_3 和 γ-Al_2O_3。其中，只有 α-Al_2O_3 是热力学稳定的，其他的晶型在 1300℃ 以上的高温几乎完全转变为 α-Al_2O_3，并且冷却后不会再变回原晶型。

α-Al_2O_3 的结构属于六方晶系，是氧离子的六方最密堆排列。γ-Al_2O_3 属于尖晶石（面心立方）结构，密度较小，由于其结构疏松，常用来制造特殊用途的多孔材料。

γ-Al_2O_3 转变为 α-Al_2O_3 时，体积要收缩 13%，密度增大。为避免 γ-Al_2O_3 烧结时可能由于体积的变化而导致坯体开裂，必须对原料进行预烧，以完成 γ-Al_2O_3 向 α-Al_2O_3 晶型的转变。

纯 Al_2O_3 的熔点较高，为 2050℃，其熔点随 Al_2O_3 含量的降低而降低。α-Al_2O_3 具有高的化学稳定性，在高温的空气中也不会改变其化学稳定性。许多复合的硫化物、磷化物、氯化物、氮化物、溴化物以及硫酸、盐酸、硝酸、氢氟酸等都不与 Al_2O_3 发生作用。它还具有良好的耐蚀性，能很好地抵抗 NaOH、Na_2O_2，金属铝、锰、铁、玻璃及炉渣等的侵蚀。但许多氢化物还原剂和碳化钙、碳化铁能还原 Al_2O_3，热的浓硫酸容易溶解 Al_2O_3 而形成能溶于水的硫酸铝。

纯的 α-Al_2O_3 单晶具有最好的透光性。多晶 Al_2O_3 的透光性受气孔、杂质、晶界等的影响。有目的地掺入 Cr^{3+} 的红宝石单晶，是透光性良好的激光基质材料。

Al_2O_3 是良好的绝缘体，但温度升高时，其电导率将增加。Al_2O_3 的含量不同，其电导率相差很大，而且气孔率和杂质都对电导率有影响。

氧化铝陶瓷具有一系列优良性能，如机械强度高、硬度高、耐磨、耐高温、抗氧化、耐腐蚀、绝缘电阻高和介电损耗低等，因此具有广泛的实际用途，主要有以下几方面：

1）用作特殊耐火材料，如熔炼金属的坩埚、高温炉衬、炉管、高温热电偶的保护管等。

2）用作耐磨零件和刀具材料。氧化铝陶瓷刀具在国内外陶瓷刀具的产量中居首位，特别是添加 TiC 等第二相进行弥散强化的氧化铝刀具具有更优越的使用寿命，可取代硬质合金刀具加工合金、耐磨铸铁等难加工的高硬度材料，也是磨具，如砂轮等的主要材料。

3）用于制造新电光源高压钠灯的透明氧化铝陶瓷管。透明氧化铝陶瓷管能耐 1000℃ 以上的高温，具有一定的抗热振性，能透过 90% 的可见光。

4）用作新能源装置的材料，如钠硫电池中核心部件 β-Al_2O_3 陶瓷管。

2. 氧化镁陶瓷

氧化镁陶瓷是以 MgO 为主要成分的陶瓷，主晶相为 MgO，属立方晶系，是 NaCl 结构的离子键化合物。

MgO 是高熔点氧化物，熔点为（2800 ± 13）℃，理论密度为 $3.58g/cm^3$。一般使用温度在 2200℃ 以下，温度若高于 2300℃，MgO 易挥发，易被碳还原成金属镁。MgO 属于弱碱性物质，几乎不被碱性物质所侵蚀，对碱性金属熔渣有较强的耐侵蚀能力。不少金属，如铁、镍、锌、铝、铜等都不与 MgO 发生反应。

在室温下，MgO 陶瓷是良好的绝缘体，但随着温度升高（超过 800℃），其电阻率会急剧降低。MgO 陶瓷的抗拉、抗压和断裂强度都比 Al_2O_3 陶瓷低很多。如室温下，烧结 MgO 陶瓷的抗压强度为 200MPa，Al_2O_3 陶瓷为 650MPa；MgO 陶瓷的热膨胀系数大、强度低，所以它的热稳定性差，抗热振性能不好。

MgO 陶瓷具有耐碱性熔渣腐蚀、抗氧化性好等特点，主要应用于以下领域：

1）用作耐火材料。这是 MgO 陶瓷最重要的商业用途之一，作为碱性耐火材料的代表，它的发展与钢铁工业的技术进步密切相关。采用 MgO 陶瓷衬料可显著提高炉衬的寿命。

2）用于制造多晶 MgO 陶瓷坩埚，其抗渣性好，可以安全地熔炼铁、锌、铅、铜等金属，还可在原子能工业中用于焙炼高纯度钍和铀。

3）用于制造热电偶保护管，尤其是在 2000℃ 以上使用时。例如，镁铝尖晶石及蓝宝石单晶炉的热电偶保护管只能用 MgO 陶瓷制造。

4）用作雷达罩及红外辐射装置的透明窗口材料，可以使电磁波通过。

3. 氧化铍陶瓷

BeO 是六方晶系纤锌矿结构材料，其结构稳定，无晶型变化，熔点为（2570±30）℃。它的蒸气压较低，可在 1800℃ 高温真空下长期使用，在 2000℃ 的惰性气氛中没有明显质量损失，在氧化气氛中易蒸发。BeO 陶瓷具有以下性能特点：

1）BeO 陶瓷具有与金属相近的、良好的导热性，比一般的氧化物陶瓷要大一个数量级。BeO 陶瓷的导热性会受到温度、材料孔隙率、晶粒尺寸、杂质等的影响，杂质含量高、纯度低时，热导率降低，而且热膨胀系数较小。

2）BeO 陶瓷的机械强度较低，在低温时约为 Al_2O_3 陶瓷的 1/4；在高温下，其强度一般在 1000℃ 以上时开始下降，1000℃ 时的强度为 248.5MPa。使用环境造成的应力腐蚀对 BeO 陶瓷的强度影响较大，特别是水蒸气会使其强度比真空下降低 15%~20%。

3）BeO 陶瓷的抗热应力和抗热振性能较其他氧化物陶瓷高。

4）BeO 陶瓷的高温绝缘性能好，介质损耗小，因此可用来制备高温体积电阻大的绝缘材料。

5）BeO 陶瓷耐碱性物质侵蚀能力较强，但苛性碱除外。除此之外，它还具有中子减速能力，对 X 射线有很高的穿透能力。

利用 BeO 陶瓷的良好导热性，可以用来制作散热器件；利用它的高温体积电阻较大的性质，可以用作高温绝缘材料；利用它的耐碱性，可以制作冶炼稀有金属和高纯金属铍、铂、钒的坩埚；利用它的核性能，可用作反应堆中的中子减速剂和防辐射材料；利用其高的理论密度，可以得到透明的 BeO 陶瓷，用于制作仪器的观察窗等。

4. 氧化锆陶瓷

氧化锆（ZrO_2）陶瓷是一种用途较广的氧化物陶瓷，传统的应用主要是耐火材料、铸造用的砂和粉、涂层颜料等。另外，氧化锆陶瓷具有良好的热力学和电学性能，在先进陶瓷和工程陶瓷中有广泛的应用。

（1）ZrO_2 的形态和特点　在不同的温度下，ZrO_2 存在三种同质异构体，即低温下的单斜晶系、高温下的四方晶系和更高温度下的立方晶系。三种晶型的密度：单斜晶系为 $5.65g/cm^3$，四方晶系为 $6.10g/cm^3$，立方晶系为 $6.27g/cm^3$。

由于不同晶型的密度不同，ZrO_2 从高温冷却到低温发生相变时，体积会膨胀，加热时体积会收缩。四方相转变为单斜相时（$t \rightarrow m$ 相变），体积膨胀约 7%，导致纯 ZrO_2 烧结时制品会发生开裂。因此，必须进行晶型稳定化处理，可以在 ZrO_2 中加入稳定剂，如 MgO、CaO、Y_2O_3 及 CeO_2 等稀土氧化物，来抑制相转变。

根据 ZrO_2 稳定性的不同，可将其分为两类：完全稳定 ZrO_2，具有稳定的立方固溶体结构；部分稳定 ZrO_2，具有立方和四方结构。

纯 ZrO_2 的熔点高，为 2715℃，稳定 ZrO_2 的熔点比纯 ZrO_2 的低，如 15%MgO 或 CaO 稳定的 ZrO_2 的熔点为 2500℃。

（2）ZrO_2 陶瓷的特点和用途　ZrO_2 陶瓷的密度大，硬度、抗弯强度和断裂韧性较高。烧结 ZrO_2 陶瓷的弹性模量比 Al_2O_3 陶瓷小很多，因此其弹性变形比 Al_2O_3 陶瓷大很多。烧结 ZrO_2 陶瓷球撞在地板上时，会像皮球一样弹起来而不破碎。

ZrO_2 陶瓷耐火度高，比热容和热导率小，是理想的高温绝热材料。而且其化学稳定性好，高温时能耐酸性和中性物质的侵蚀；在钢液中很稳定，是连续铸钢用的耐火材料。

ZrO_2 陶瓷具有相变以及稳定性可改变的特点。1975 年，澳大利亚的材料科学家 Garvie 利用 ZrO_2 的 $t \rightarrow m$ 相变改善陶瓷的脆性，提高其断裂韧性。因此，近年来，ZrO_2 增韧陶瓷的研究引起了国内外相关学者的极大兴趣。

（3）ZrO_2 陶瓷的种类　ZrO_2 相变增韧陶瓷可分为三大类：部分稳定 ZrO_2 陶瓷（PSZ 陶瓷）四方 ZrO_2 多晶陶瓷（TZP 陶瓷）和 ZrO_2 增韧陶瓷（ZTC 陶瓷）。

1）PSZ 陶瓷。PSZ 陶瓷是 ZrO_2 系统中的两相合金，它是在以 MgO、CaO、Y_2O_3 为稳定剂得到的立方相 $c\text{-}ZrO_2$ 的基体上，沉淀析出细晶粒 $t\text{-}ZrO_2$ 或 $m\text{-}ZrO_2$ 弥散相组织的陶瓷。它是通过被约束的、弥散分布的 t 相转变为 m 相的体积膨胀产生的压应力起增韧作用，同时弥散第二相导致材料的强化。

根据所添加稳定剂种类的不同，如 MgO、CaO、Y_2O_3，PSZ 陶瓷可分别表示为

Mg-PSZ、Ca-PSZ、Y-PSZ 陶瓷。

2）TZP 陶瓷。TZP 陶瓷是近年来发展的增韧效果最优的 ZrO_2 陶瓷之一，一般含 2%~3%（摩尔分数）的 Y_2O_3，主要由等轴的四方相细晶粒构成，典型的晶粒尺寸为 0.2~2μm。与 Mg-PSZ 相比，其主要优点是可在较低的温度下烧结，烧结温度为 1400~1500℃；晶粒较细，结构均匀。

TZP 陶瓷除了 Y-TZP 外，还有用 CeO_2 稳定的 Ce-TZP，CeO_2 的含量一般为 9%~12%（摩尔分数）。Ce-TZP 陶瓷的强度不如 Y-TZP 陶瓷，但它的韧性好。

3）ZTA 陶瓷。ZrO_2 增韧 Al_2O_3，称为 ZTA 陶瓷，是最常用的 ZrO_2 增韧陶瓷材料。Al_2O_3 陶瓷强度高而韧性不够，约含 15%（体积分数）ZrO_2 的 ZTA 陶瓷可使强度达到 1200MPa，断裂韧度提高到 16MPa·$m^{1/2}$。而典型的致密 Al_2O_3 陶瓷的强度和断裂韧度分别为 600MPa 和 4MPa·$m^{1/2}$。

TZA 陶瓷还具有良好的抗热振性能。含 14%（体积分数）ZrO_2 的 TZA 陶瓷的抗热振损伤的临界温差为 700~900℃，而致密 Al_2O_3 陶瓷只有 300℃。

除了氧化锆增韧氧化铝陶瓷外，还有氧化锆增韧氮化硅陶瓷、尖晶石陶瓷、莫来石陶瓷等。

ZrO_2 增韧陶瓷的热导率小、热膨胀系数大、强度高、韧性好，是制造陶瓷发动机零件的较理想材料，可用于缸盖底板、活塞顶、活塞环、叶轮壳罩、气门导管、进排气阀、轴承等零件。Mg-PSZ 陶瓷可用作刀具、模具、研磨粉料用研磨球等。ZrO_2 增韧氮化硅陶瓷可用于要求高强度和高韧性的场合，但使用温度不能过高，可用于制造切削刀具等，使刀具的冲击性能、耐磨性和使用寿命得到提高。

5. 氮化硅陶瓷

氮化硅（Si_3N_4）是共价键型化合物，属于六方晶系。它有两种晶型：α-Si_3N_4 和 β-Si_3N_4。当加热到 1500℃ 以上时，α-Si_3N_4 会转变为 β-Si_3N_4，这种转变是不可逆的。因此，人们也称 β-Si_3N_4 为高温稳定型的，α-Si_3N_4 为低温稳定型的。

Si_3N_4 陶瓷具有良好的高温强度和抗氧化性，由于氧化时表面形成 SiO_2 薄膜，阻碍其进一步氧化，所以抗氧化温度可以达到 1400℃，实际使用温度达 1200℃。

Si_3N_4 具有良好的化学稳定性，除氢氟酸外，对所有的无机酸和某些碱液、熔融状态的盐都具有很好的耐蚀性，也不会被铝、铅、锡、银、黄铜、镍等熔融金属和合金浸润或腐蚀。

Si_3N_4 的硬度高，仅次于金刚石、立方氮化硼等少数几种超硬材料；其摩擦系数小，具有一定的自润滑性。

Si_3N_4 陶瓷的耐高温性和耐磨性，使其可用于陶瓷发动机和燃气轮机中的定子、转子、燃烧器、气缸盖及活塞罩等；具有良好的耐蚀性，用于化工工业中的球阀、泵体、过滤器和热交换器等；具有高强度和高耐磨性，广泛用于轴承滚珠、高温螺栓、工模具、密封材料等。

此外，冶金工业中的燃烧嘴、铝包内衬、热电偶套管、铸模，电子、军事和原子能领域的高温绝缘体、开关电路基片、导弹尾喷管以及核裂变物质的载体等均可用 Si_3N_4 陶瓷制造。

6. 赛隆陶瓷

"Sialon" 是由 Al 原子和 O 原子部分地置换了 Si_3N_4 中的 Si 原子和 N 原子而形成的一种单相固溶体，该固溶体被称为 "Silicon Aluminum Oxynitride"，简称为 "Sialon"。

Sialon 的晶体结构与 β-Si_3N_4 相同，也属六方晶系，但晶格常数则随 Al_2O_3 的加入而增大。在 1700℃时，最高能固熔质量分数为 65% 的 Al_2O_3。这种固溶体也称为 β'-Sialon。

β'-Sialon 陶瓷具有低的热膨胀系数，抗热振性好，还具有良好的抗氧化和耐熔融金属腐蚀的性能。因含有大量的氧化铝，故常温和高温化学性能较稳定。β'-Sialon 陶瓷具有较高的硬度、强度及耐磨性，虽然其强度值稍低于 β-Si_3N_4，但韧性比 β-Si_3N_4 优异。另外，它还具有良好的高温抗蠕变性能。

Sialon 陶瓷已被用于轴承、密封件、焊接套筒和定位销的制造。普通定位销的寿命为 7000 次，而 Sialon 陶瓷定位销的寿命可以达到 500 万次。Sialon 陶瓷密封件的性能也优于其他材料的密封件。在冶金工业中，Sialon 陶瓷已被用于连铸的分流环、热电偶保护管、晶体生长器等，还可用于滚轧、挤压和压铸模具等，良好的高温性能，使其可用于汽车内燃机挺杆。除此之外，还可制成透明陶瓷，用于高压钠灯灯管、高温红外测温仪窗口等。

7. 氮化铝陶瓷

AiN 是六方晶系纤锌矿结构，纯度较高时呈白色，一般为灰色或灰白色。AiN 的熔点较高，约为 2450℃，在 2000℃ 以内的高温非氧化气氛中稳定性很好。不受铝和其他熔融金属等的侵蚀。AiN 陶瓷具有高的热导率，约为 Al_2O_3 的 10 倍；抗热振性好，绝缘电阻高，具有优良的介电常数和低的介质损耗，耐腐蚀，透光性好。但 AiN 陶瓷的高温（>800℃）抗氧化性差。

AiN 陶瓷具有高导热性和高绝缘性，使其作为绝缘基片和高功率高速微电子应用中的封装材料而被研究和开发，主要用于散热片、半导体的基片等，超大规模集成电路基片是 AiN 陶瓷的主要用途。

8. 碳化硅陶瓷

碳化硅（SiC）陶瓷是碳化物陶瓷中应用最广的陶瓷之一。SiC 主要是共价键型化合物，它有两种晶体结构：立方型闪锌矿结构和六方型纤锌矿结构，与这两种结构相对应的分别为 β-SiC 和 α-SiC。

纯碳化硅是无色透明的。常见的碳化硅呈浅绿色或黑色，这是由其含有的游离的碳、铁、硅等杂质造成的纯度差别引起的。

碳化硅的硬度很高，仅次于金刚石、立方氮化硼、碳化硼（B_4C）等少数几种材料；高温强度较高，在 1400℃的高温下强度也无明显下降；高的导热性和较小的热膨胀系数使其具有较好的抗热振性能。温度在 800℃以下和 1140~1750℃范围内形成的氧化膜较牢固，抗氧化性较好；如果温度高于 1750℃，氧化膜被破坏，SiC 将发生强烈的氧化分解；温度为 800~1140℃时，抗氧化性较差，此时形成的氧化膜较疏松，不能起到保护作用。

纯的碳化硅是电绝缘体，电阻率为 $10^{14}\Omega \cdot cm$。含有杂质时，电阻率急剧下降，并具有负的电阻温度系数，即温度升高时，电阻率下降。因此，碳化硅可作为发热体材料和非线性压敏电阻材料。

SiC 陶瓷的高温强度高、高温蠕变小、硬度高、耐磨、耐腐蚀、抗氧化，具有高的热导率和良好的热稳定性。因此，它是良好的高温（1400℃以上）结构陶瓷材料。作为初级产品，SiC 陶瓷被大量地用于炉膛、炉底板、炉管和在 1400℃下工作的发热体；可用于高温发动机部件，如燃烧室、定子、蜗轮叶片，耐酸、耐碱泵的密封圈，其性能比 Si_3N_4 陶瓷密封环更好。SiC 陶瓷的另一个重要用途是利用 SiC 的高热导率，制造热交换器以及大容量超大规模集成电路的衬底材料。

9. 碳化硼陶瓷

碳化硼（B_4C）陶瓷的显著特点是硬度高，仅次于金刚石和立方氮化硼；耐磨性是金刚石的 60%~70%，是刚玉的 1~2 倍；热膨胀系数小，具有较好的热稳定性；具有吸收中子的能力；在 1000℃时能抵抗空气的腐蚀，但在较高温度下的氧化性气氛中容易被氧化。碳化硼陶瓷具有高的耐酸性与耐碱性，能抵抗大多数熔融金属的侵蚀。碳化硼陶瓷的以上特点，使其在磨料、切削刀具、耐磨零件、喷嘴、轴承等领域得到广泛应用，还可用于高温热交换器、核反应堆的控制棒，熔炼熔融金属的坩埚等。

10. 碳化钛陶瓷

TiC 属面心立方晶型，其熔点高、强度较高、导热性好、化学性能稳定、不水解、抗高温氧化性能好，常温下不与酸起反应，在硝酸和氢氟酸的混合酸中能溶解。TiC 陶瓷的硬度高，是生产硬质合金的重要原料，主要用于制造耐磨材料、刀具、机械零件等，还可制造熔炼锡、铅、镉、锌等金属的坩埚。在工模具钢表面沉积 TiC 涂层，可提高它们的耐磨性。

（二）超硬工具陶瓷

1. 金属陶瓷

金属陶瓷是一种由金属或合金与一种或几种陶瓷相所组成的非均质材料，其中陶瓷相所占比例为 15%~85%。金属陶瓷将金属的热稳定性和韧性与陶瓷的高硬度、耐火度、耐蚀性综合在一起，形成了具有高强度、高韧性、高耐蚀性、高导热性和良好的热稳定性的新材料。因此，金属陶瓷可用作高温材料和超硬工具材料。

金属陶瓷中，陶瓷相有氧化物、碳化物、硼化物和氮化物，作为黏结剂的金属相主要是 Ti、Ce、Ni、Co 及其合金。

（1）氧化铝基金属陶瓷 这是应用最多的金属陶瓷材料之一，采用的黏结剂为 Cr，质量分数一般不超过 10%，纯度为 99%，Al_2O_3 的纯度要求为 95%。金属 Cr 粉在 Al_2O_3 表面容易形成致密的 Cr_2O_3 薄膜，改善了陶瓷和金属间的润湿性，使陶瓷和金属结合得更牢固，提高了 Al_2O_3 陶瓷的韧性、热稳定性和抗氧化性。

Al_2O_3-Cr 金属陶瓷具有最好的热硬性（1200℃），抗氧化性好，具有高的硬度和高温强度，主要用作工具材料。这种工具材料可提高加工精度，与被加工金属材料的黏着倾向小，还可制造喷气发动机喷嘴、模具、合金铸造用型芯等。

（2）碳化物基金属陶瓷 碳化物基金属陶瓷中，陶瓷相主要有 WC、VC、TiC 等，黏结剂主要是 Ni 和 Co，还可加入少量的难熔金属 Cr、Mo、W 等。

硬质合金是最常用的工具材料之一，主要有 WC-Co、WC-TiC-Co、WC-TiC-TaC-Co，其硬度很高、耐磨性好，热硬性可达 800~1000℃，非常适合制造切削工具、金属成形模具、耐磨工具等。

TiC 基金属陶瓷具有良好的高温强度和高硬度，而且原料价格比 WC 便宜，对于 W 资源贫乏的国家，它是最好的选择。TiC-Ni-Mo 型陶瓷可用于钢的精加工和高硬度合金，采用 Ni、Co、Cr 等黏结剂使陶瓷材料具有较高的耐热性和抗氧化性。TiC-Mo_2C-Ni 基合金的硬度高、韧性好，是制造工具的理想材料。

Ti（C、N）基金属陶瓷是性能更好的工具材料，其热硬性较 WC 基硬质合金高，摩擦系数低，可进行高速切削加工，使用寿命长。

2. 立方氮化硼

立方氮化硼（CBN）具有高的硬度、抗压强度，其硬度仅次于金刚石，是一种超硬材料。CBN 通常呈黑色、棕色或暗红色，也可呈白色、灰色或黄色，这与合成时添加的催化剂有关。

立方氮化硼的化学惰性比金刚石和硬质合金好，并且具有优良的抗氧化性。金刚石在 500~700℃开始氧化，而 CBN 与氧形成氧化硼（B_2O_3）的固体保护膜，使其在 1300℃以下不会继续氧化。立方氮化硼还有良好的导热性。

CBN 是理想的刀具和磨具材料。用它做刀具材料可加工硬度为 45~70HRC 的各类淬火钢、耐磨铸铁、热喷涂材料、合金工具钢以及黏度大的镍基、钴基等难加工材料。用 CBN 制作的磨具，具有生产率高、寿命长、本身的损耗少、加工精度高等特点，生产率比刚玉砂轮高 60~100 倍，磨削 50HRC 以上的合金钢淬火件时，使用寿命比普通砂轮长 30~50 倍。

3. 金刚石

金刚石是碳的一种同素异构体，具有良好的导热性和高的抗压强度，是自然界中最硬的物质。它与其他物质的亲和力低，是制造刀具的理想材料，特别适用于精密加工和高速加工。天然金刚石刀具的切削速度可达到 150~200m/min，而硬质合金的切削速度只有 60m/min。由于天然金刚石资源缺乏，发展了人造金刚石，它是由石墨在高温高压下制得的。

金刚石可分为四类：单晶天然金刚石；烧结金刚石，也称聚晶金刚石，它是通过金刚石微晶在高温高压下烧结而成的；黏结金刚石；金刚石 - 硬质合金复合体。金刚石可制造地质钻头，切割路面及石料的锯片、刀具、磨具等。

（三）电介质陶瓷

电介质陶瓷是指电阻率大于 $10^8 \Omega \cdot m$ 的陶瓷材料，它能承受较强的电场而不被击穿。按其在电场中的极化特性，可分为电绝缘陶瓷和电容器陶瓷。

电绝缘陶瓷又称为装置陶瓷，是电子设备中用于安装、固定、支承、保护、绝缘、隔离及连接各种无线电元件及器件的陶瓷材料。

电绝缘陶瓷主要有 Al_2O_3、MgO、BeO、$BaO-Al_2O_3-SiO_2$ 系、$Al_2O_3-SiO_2$ 系、$MgO-Al_2O_3-SiO_2$ 系、$CaO-Al_2O_3-SiO_2$ 系、$ZrO_2-Al_2O_3-SiO_2$ 系陶瓷等。$MgO-Al_2O_3-SiO_2$ 系陶瓷的优点是耐酸性好、晶粒细小；$BaO-Al_2O_3-SO_2$ 系陶瓷的表面光洁、耐酸碱性能好、体积电阻率高。此外，还有氮化物陶瓷，如 Si_3N_4、BN、AlN 陶瓷等。

常用的电容器陶瓷有温度补偿型电容器陶瓷、热稳定型电容器陶瓷、高介电常数型电容器陶瓷和半导体电容器陶瓷。温度补偿型电容器陶瓷具有较大的负介电常数温度系数，用于振荡回路、补偿回路中的电感元件，可使回路中的谐振频率保持不变或变化很小。常用的这类陶瓷有金红石（TO_2）陶瓷、钛酸钙陶瓷、钛酸锶陶瓷和钙钛硅陶瓷等。

热稳定型电容器陶瓷分为两类：高频热稳定型陶瓷和微波电介质陶瓷。高频热稳定型陶瓷的主要特点是介电常数温度系数的绝对值很小，甚至接近于零。这种陶瓷可制成高稳定电容器，用于精密电子仪器和设备中，主要的品种有钛酸镁陶瓷和锡酸钙陶瓷，钛酸镁陶瓷是目前大量使用的高频热稳定电容器陶瓷之一，其特点是介电损耗小、介电常数温度系数小，而且原料丰富、成本低廉。

微波电介质陶瓷在微波滤波器中主要用作介质谐振器，此外还用于微波集成电路基片、介质传输线、衰减器等。微波电介质陶瓷主要有 $BaO\text{-}TiO_2$、$Ca(ZrTi)O_3$、$(SrCa)ZrO_3$、$Li_2O\text{-}TiO\text{-}Al_2O_3$、$Al_2O_3$、$Ba(Zn_{1/3}Nb_{2/3})O_3$、$Ba(Zn_{1/3}Ta_{2/3})O_3$ 等。

高介电常数铁电陶瓷几乎均是以 $BaTiO_3$ 为基，加入一定添加剂的材料。国内最早的高介电常数铁电陶瓷为 $BaTiO_3\text{-}CaSnO_3$ 系，可用来制备小型大容量电容器。

 任务实施

一、观看微课：认识常用陶瓷材料

记录塑料、橡胶、纤维的特点及用途，陶瓷材料的性能及用途。

认识常用陶瓷材料

二、完成课前测试

1. 常用高分子材料包括_____、_____、_____。
2. 组成陶瓷的三种相为_____、_____、_____。

三、任务准备

实施本任务所使用的设备和材料见表 5-10。

表 5-10　实施本任务所使用的设备和材料

序　号	分　类	名　称	数　量	单　位	备　注
1	材料	ABS 塑料	10	套	
2		橡胶	10	套	
3		陶瓷	10	套	

四、以小组为单位完成任务

在教师的指导下，完成相关知识点的学习，并完成任务决策计划单（表 5-11）和任务实施单（表 5-12）。

表 5-11　任务决策计划单

	制定工作计划 （小组讨论、咨询教师，将下述内容填写完整）
高分子材料 和陶瓷材料 的选用	操作步骤：
	分工情况：
	需要的设备和工具：
	注意事项：

表 5-12　任务实施单

小组名称		任务名称	
成员姓名	实施情况		得分
小组成果 （附照片）			

检查测评

对任务实施情况进行检查，并将结果填入表 5-13 中。

表 5-13　任务测评表

序号	主要内容	考核要求	评分标准	配分	扣分	得分
1	课前测试	完成课前测试	平台系统自动统计测试分数	20		
2	观看微课	完成视频观看	1）未观看视频扣 20 分 2）观看 10%~50%，扣 15 分 3）观看 50%~80%，扣 5 分 4）观看 80%~99%，扣 3 分	20		
3	任务实施	完成任务实施	1）未参与任务实施，扣 60 分 2）完成一种材料的选用，得 20 分，依次累加，至少完成三种	60		
合计						
开始时间：			结束时间：			

思考训练题

一、选择题

1. 按聚合物的主链结构，聚合物分为（　　）。

A. 碳链聚合物　　　　B. 杂链聚合物　　　　C. 有机聚合物　　　　D. 混合聚合物

2. 按化学成分，陶瓷分为（　　）。

A. 氧化物陶瓷　　　　B. 碳化物陶瓷　　　　C. 氮化物陶瓷　　　　D. 其他化合物陶瓷

二、判断题

1. 高分子材料的特点是强度高、模量高、透明性好、耐蚀性好。　　　　　　　　（　　）

2. 高分子化合物就是高分子材料。　　　　　　　　　　　　　　　　　　　　（　　）

3. 晶相决定陶瓷材料的物理、化学性能。　　　　　　　　　　　　　　　　　（　　）

4. 六方氮化硼陶瓷可进行切削加工。　　　　　　　　　　　　　　　　　　　（　　）

三、简答题

1. 什么是高分子材料？分为哪些类型？

2. 橡胶为什么可制成减振制品？还有哪些材料可用来制作减振元件？

3. 用全塑料制造的零件有什么优、缺点？

4. 什么是陶瓷材料？分为哪些类型？

5. 陶瓷性能的主要缺点是什么？分析其原因，并指出改进的方法。

任务三　认识新材料

学习目标

知识目标：列举常用新材料。

能力目标：1. 能合理选用新材料。

　　　　　　2. 能根据使用需求开发新材料。

素养目标：感受材料魅力，建立对学科的热爱。

工作任务

新材料是推动工业生产发展和社会进步必不可少的力量。新材料是指正在发展，且具有优异性能和良好应用前景的一类材料。一般把具备以下三个条件之一的材料，称为新材料：①新出现的或正在发展中的，具有传统材料所不具备的优良性能的材料；②符合高技术发展需求，具有特殊性能的材料；③由于采用新技术（包括新工艺、新装备），明显提高了性能或出现新功能的材料。目前，新材料主要有石墨烯、智能材料、纳米材料等。

本次任务的主要内容：认识目前正在开发的常用新材料，能根据使用需求合理选用新材料。

相关知识

一、石墨烯

石墨烯是一种由碳原子以 sp^2 杂化轨道组成六角形蜂巢晶格的二维纳米材料，如图 5-5 所示。英国曼彻斯特大学的安德烈·盖姆和康斯坦丁·诺沃肖洛夫，通过微机械剥离法，得到了仅由一层碳原子构成的薄片，即石墨烯，两人因此共同获得了 2010 年诺贝尔物理学奖。

图 5-5　石墨烯

石墨烯的强度极高，是迄今为止世界上已知强度最高的材料，同时具有很好的韧性，而且可以弯曲。如果用石墨烯制成与普通食品塑料袋同样厚度的薄膜（厚度约为 100nm），将可承受大约 2tf 重的物品而不断裂。石墨烯的硬度很高，是钢铁硬度的 100 倍以上，甚至超过了钻石；其电阻率极小，具有非常好的导电性，是铜的数倍。

由于高导电性、高强度、超轻薄等特性，石墨烯在航天、军工等领域的应用优势极为突出，如生产超薄超轻型飞机、超轻防弹衣等。由于具有优良的导电性能，石墨烯有可能成为硅的替代品，用于制造超微型晶体管，生产未来的超级计算机。由于石墨烯的结构高度稳定，这种晶体管在接近单个原子的尺度上依然能稳定地工作。可弯曲屏幕引人注目，成为未来移动设备显示屏的发展趋势，作为基础材料的石墨烯在柔性显示屏中的应用也被关注。同时，石墨烯还可用于制造光子传感器、光电探测器、新能源电池、太空电梯等。

二、智能材料

智能材料是指能感知外部刺激，能进行判断并做适当处理且本身可执行的材料，是集传感功能、处理功能和执行功能为一体的新型功能材料。一般来说，智能材料有七大功能，即传感功能、反馈功能、新型识别与积累功能、响应功能、自诊断功能、自修复功能和自适应功能。智能材料的构想来源于仿生学，其目标是研制出一种材料，使它成为具有类似于生物的各种功能的"活"材料。智能材料必须具备感知、驱动和控制三个基本要素，单一材料难以满足智能材料的要求，一般由两种或两种以上的材料复合构成一个智能材料系统。智能材料的设计、制造、加工和性能结构特征均涉及材料学的前沿领域，这使智能材料代表了材料科学的最活跃的方面和最先进的发展方向。

　　智能材料由基体材料、敏感材料、驱动材料和信息处理器四部分构成。基体材料担负着承载的作用，一般宜选用轻质材料。一般基体材料首选高分子材料，因为其重量轻、耐腐蚀，尤其具有黏弹性的非线性特征；其次，也可选用金属材料，以轻质有色合金为主。敏感材料担负着传感的任务，其主要作用是感知环境变化（包括压力、应力、温度、电磁场、pH 值等）。驱动材料在一定条件下可产生较大的应变和应力，担负着响应和控制的任务，常用的驱动材料有压电材料、形状记忆合金、电流变体和磁致伸缩材料等。其他功能材料（信息处理器）有导电材料、磁性材料、光纤和半导体材料等。

　　下面介绍几种常见的智能材料。

　　压电材料是一种能实现电能与机械能相互转化的机敏材料，主要包括无机压电材料、有机压电材料和压电复合材料。居里兄弟在对石英晶体的介电现象和晶体对称性的试验研究中发现了压电效应，并将其分为正压电效应和负压电效应，当机械力作用在其上时，内部正、负电荷中心将发生相对位移而产生电的极化，即正压电效应。**形状记忆合金**是自执行智能材料的一种，20 世纪 60 年代，美国海军研究实验室发现了镍钛合金具有"形状记忆效应"，以此为基础研究了形状记忆合金。目前，形状记忆材料主要包括形状记忆合金、形状记忆陶瓷和形状记忆聚合物等。**流变液体**是自执行智能材料的一种，是与磁流变体性能极为相似的混合物，在常态下是液体，其中自由分布着许多可极化的细小悬浮颗粒，当这种流体处于电场或磁场中时，在电场或磁场的作用下，其中的悬浮颗粒会很快形成链状，从而形成具有一定屈服强度的半固体，这样的电流变体或磁流变体具有响应快、阻尼大、功耗小的特点。

　　在建筑方面，科学家正在研制使桥梁、高大的建筑设施以及地下管道等能自诊断其"健康"状况，并能自行医治"疾病"的智能材料。英国科学家已开发了两种"自愈合"纤维，能分别感知混凝土中的裂纹和钢筋的腐蚀，并能自动黏合混凝土的裂纹或阻止钢筋的腐蚀。

在飞机制造方面，科学家正在研制具有如下功能的智能材料：当飞机在飞行中遇到涡流或猛烈的逆风时，机翼中的智能材料能迅速变形，并带动机翼改变形状，从而消除涡流或逆风的影响，使飞机仍能平稳地飞行；同时，人们还研究了可进行损伤评估和寿命预测的飞机自诊断监测系统。

在医疗方面，智能材料和结构可用来制造无须马达控制并有触觉响应的假肢，这些假肢可模仿人体肌肉的平滑运动，利用其可控的形状回复作用力，灵巧地抓起易碎物品，如盛满水的纸杯等；药物自动投放系统也是智能材料应用的重要领域；日本推出了一种能根据血液中的葡萄糖浓度而扩张和伸缩的聚合物。

在军事方面，在航空航天飞行器蒙皮中植入能探测激光、核辐射等多种传感器的智能蒙皮，可用于对敌方威胁进行监测和预警；美国正在为未来的弹道导弹监视和预警卫星研究，在复合材料蒙皮中植入核爆光纤传感器、X射线光纤探测器等的智能蒙皮。

三、纳米材料

纳米材料是指在三维空间中至少有一维处于纳米尺寸（1~100nm）或由它们作为基本单元构成的材料，大约相当于10~100个原子紧密排列在一起的尺寸。1nm相当于头发丝的1/50000，氢原子的直径为1Å（埃），所以1nm等于10个氢原子一个个排列起来的长度。

纳米材料按材质分为纳米金属材料、纳米非金属材料、纳米高分子材料和纳米复合材料；按形态分为纳米颗粒材料、纳米固体材料（纳米块体材料）、纳米膜材料及纳米液体材料；按功能分为纳米生物材料、纳米磁性材料、纳米药物材料、纳米催化材料、纳米智能材料、纳米吸波材料、纳米热敏材料及纳米环保材料。按纳米材料在空间的表达特征，分为零维纳米材料，即纳米颗粒材料；一维纳米材料，如纳米线、棒、丝、管和纤维等；二维纳米材料，如纳米膜、纳米盘和超晶格等；三维纳米材料，即在三维空间中含有上述纳米材料的块体，如纳米陶瓷材料、介孔材料等。

纳米材料具有非常广泛的应用。

在天然纳米材料方面，生物学家在研究鸽子、海豚、蝴蝶、蜜蜂等生物为什么从来不会迷失方向时，发现这些生物体内存在着纳米材料为它们导航。在纳米磁性材料方面，超顺磁的强磁性纳米颗粒可制成磁性液体，用于电声器件、阻尼器件，旋转密封及润滑和选矿等领域。**在纳米陶瓷材料方面**，纳米陶瓷材料具有极高的强度、高韧性以及良好的延展性，这些特性使纳米陶瓷材料可在常温或次高温下进行冷加工。**在纳米传感器方面**，纳米二氧化锆、氧化镍、二氧化钛等陶瓷对温度变化、红外线及汽车尾气都十分敏感，因此可以用它们制作温度传感器、红外线检测仪和汽车尾气检测仪，检测灵敏度比普通的同类陶瓷传感器高得多。**在纳米半导体材料方面**，将硅、砷化镓等半导体材料制成纳米材料，具有许多优异的性能。例如，纳米半导体中的量子隧道效应使某些半导体材料的电子运输反常、导电率降低，电热导率也随颗粒尺寸的减小而下降，甚至出现负值。**在纳米催化材料方面**，纳米粒子是一种极好的催化剂，这是由于纳米粒子尺寸小、表面的体积分数较大、表面的化学键状态和电子态与颗粒内部不同、表面原子配位不全，导致表面的活性位置增加，使它具备了作为催化剂的基本条件。**在医疗应用方面**，使用纳米技术能使药品生产过程越来越精细，并在纳米材料的尺度上直接利用原子、分子的排布制造具有特定功能的药品。

 ## 任务实施

一、观看微课：认识新材料

记录什么是新材料，新材料包括哪些类型，新材料的用途都有哪些。

认识新材料

二、完成课前测试

目前的新材料主要有_____、_____、_____、_____。

三、任务准备

实施本任务所使用的设备和材料见表5-14。

表 5-14　实施本任务所使用的设备和材料

序　号	分　类	名　称	数　量	单　位	备　注
1		石墨烯	10	套	
2	材料	碳纳米管	10	套	
3		形状记忆合金	10	套	

四、以小组为单位完成任务

在教师的指导下，完成相关知识点的学习，并完成任务决策计划单（表 5-15）和任务实施单（表 5-16）。

表 5-15　任务决策计划单

制定工作计划 （小组讨论、咨询教师，将下述文件填写完整）		
新材料选用	操作步骤：	
	分工情况：	
	需要的设备和工具：	
	注意事项：	

表 5-16　任务实施单

小组名称			任务名称	
成员姓名	实施情况			得分
小组成果 （附照片）				

检查测评

对任务实施情况进行检查，并将结果填入表 5-17 中。

表 5-17 任务测评表

序号	主要内容	考核要求	评分标准	配分	扣分	得分
1	课前测试	完成课前测试	平台系统自动统计测试分数	20		
2	观看微课	完成视频观看	1）未观看视频扣 20 分 2）观看 10%~50%，扣 15 分 3）观看 50%~80%，扣 5 分 4）观看 80%~99%，扣 3 分	20		
3	任务实施	完成任务实施	1）未参与任务实施，扣 60 分 2）完成一种材料的选用，得 20 分，依次累加，至少完成三种	60		
合计						
开始时间：			结束时间：			

思考训练题

一、选择题

按纳米尺度在空间的表达特征，纳米材料分为（   ）。

A. 零维纳米材料   B. 一维纳米材料   C. 二维纳米材料   D. 三维纳米材料

二、填空题

智能材料必须具备_____、_____、_____三个基本要素。

三、判断题

1. 新材料是指正在发展，且具有优异性能和应用前景的一类材料。   （   ）

2. 石墨烯是迄今为止世界上强度最大的材料。   （   ）

四、简答题

1. 什么是新材料？如何判断某材料为新材料？

2. 目前新材料主要包括哪些？

3. 石墨烯有何特殊性能和用途？

4. 智能材料包括哪些？目前智能材料有哪些应用？

5. 什么是纳米效应？纳米粒子有哪些基本特性？

参 考 文 献

［1］姜敏凤，宋佳娜．机械工程材料及成形工艺［M］.4 版 .北京：高等教育出版社，2019.

［2］石德珂．材料科学基础［M］.2 版 .北京：机械工业出版社，2016.

［3］胡赓祥，蔡珣，戎咏华．材料科学基础［M］.3 版 .上海：上海交通大学出版社，2010.

［4］徐晓峰．工程材料及成形工艺基础［M］.2 版 .北京：机械工业出版社，2018.